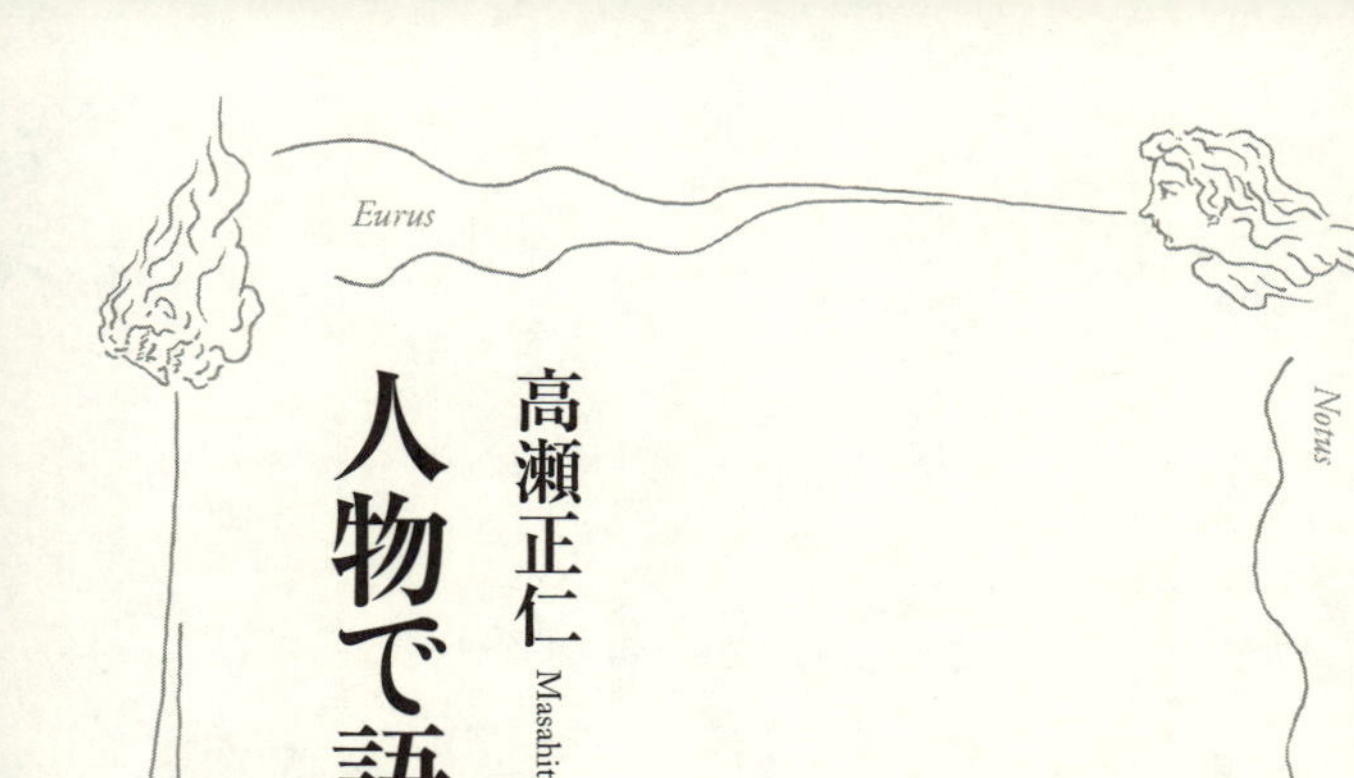

人物で語る数学入門

高瀬正仁
Masahito Takase

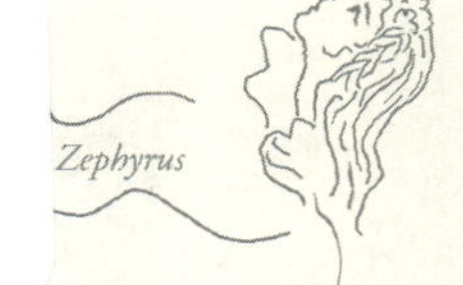

岩波新書
1548

まえがき

西欧近代の数学の根幹を作るのは、微分積分学の発見と数論の創造です。黎明期に発生した簡素な源泉には、デカルトとフェルマなど、数学という不思議な学問の創造に携わった人びとのひとりひとりの心情が横溢しています。心情への共鳴こそが、「数学がわかる」という心の働きの本然の姿です。

本書は、デカルト、フェルマ、ライプニッツ、ベルヌーイ兄弟、オイラー、ラグランジュ、ガウスなど、偉大な数学者たちの心に近づいていくための小さな道しるべでありたいと、心から念願しています。

目次

目　次

第1章　曲線をめぐって——古代ギリシアからデカルトへ

古代ギリシアの数学的世界では幾何学が重い位置を占め、いろいろな種類の作図問題が提案されました。なかでもここで紹介する三大作図問題は有名で、多くの人が取り組み、解法を試みました。

古代ギリシアの曲線の世界に、優に千年の時空をこえて注目し、独自の幾何学の世界を開いたのがデカルトです。

古代ギリシアの三大作図問題

三大作図問題とは、「円が与えられたとき、その円と同じ面積をもつ正方形を作る」(円の方形化問題)、「任意の角が指定されたとき、それを三等分する」(角の三等分問題)、それに「立方体が与えられたとき、その二倍の体積をもつ立方体を作る」(立方体の倍積問題)という三つの問題です(図1-1)。

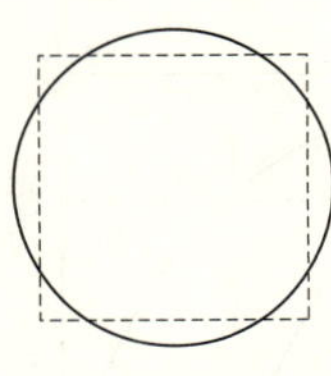

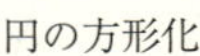

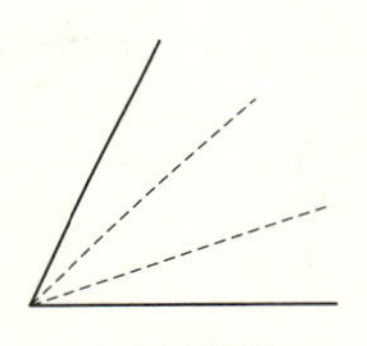

角の三等分

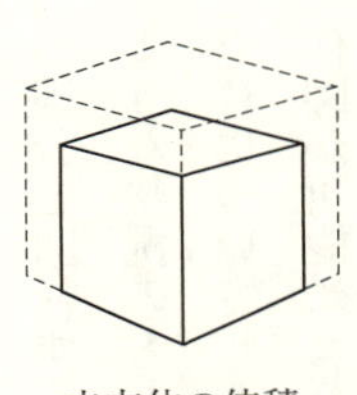

立方体の倍積

図 1-1　三大作図問題

今日なら、円の方形化問題は、円の半径をr、求める正方形の辺の長さをaとして、$a^2=\pi r^2$と式を立てて計算で求めるでしょう（πは円周率）。しかし、古代ギリシア人はこの代数計算の方法を知りませんでした。彼らは問題を解くために、さまざまな図を工夫したり、特殊な曲線を考案したりしました。

円の方形化

この問題は、「おそらく他のどんな問題よりも、あらゆる時代を通じて、数学者であるとないとを問わず研究者たちには魅力があった」（ヒース『ギリシア数学史』）ということです。ソクラテスと同時代のソフィスト、アンティポンは、円に内接する正多角形の辺の数を増やしていき、円に近づける方法を試みたと言われています。後にアルキメデスはこの方法で円周率の近似値を求めました。しかし、これで円の厳密な方形化はできません。この問題を解くのに、ヒッピアスが発見

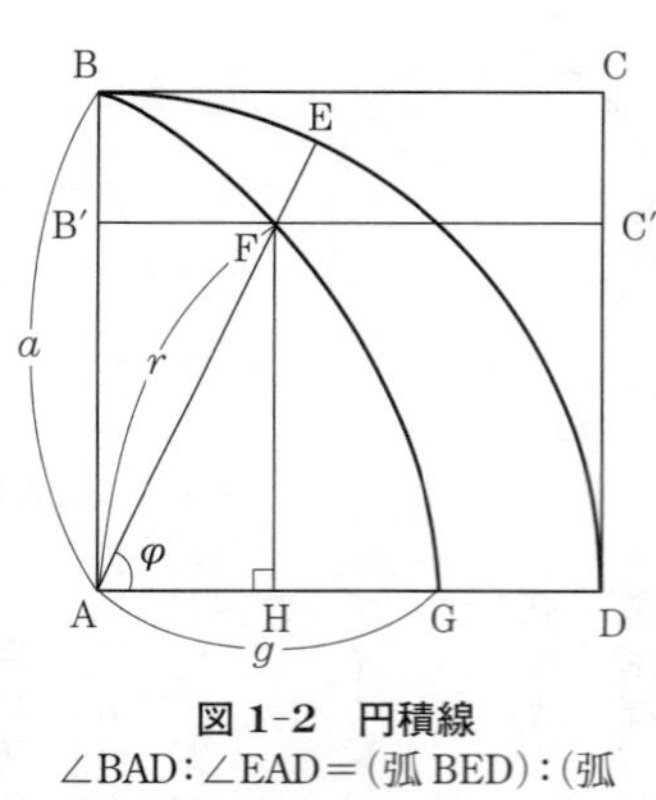

図 1-2　円積線

∠BAD：∠EAD＝(弧 BED)：(弧 ED)＝AB：FH から,

$$\frac{r\sin\varphi}{a}=\frac{\varphi}{\frac{1}{2}\pi}.$$

した円積線という曲線が使われました。ヒッピアスは紀元前四六〇年ころに生れた人で、プラトンの対話篇『プロタゴラス』にも登場する著名なソフィストです。

円積線は、次のようにして作図します（図1-2）。まず正方形ＡＢＣＤを描き、次に点Ａを中心とする四分の一円ＢＥＤを描きます。正方形の辺ＡＢは円の半径でもありますが、この半径を点Ａのまわりに等速度で回転させて、正方形のもう一つの辺ＡＤに向かって動かします。他方、正方形の辺ＢＣを元の位置から辺ＡＤに向かって等速度で平行に動かしていきます。動く線分と回転する半径は、最終的にＡＤの位置において同時に重なり合うものとします。このような状況のもとで、動く線分と回転する半径の交点Ｆが描く軌跡が円積線です。円積線の終点Ｇについて、ＡＧの長さをg、辺ＡＢの長さをaで表すと、$g=\frac{2a}{\pi}$となり、これで円周率の作図が可能になります。平方根は定規とコンパスを用いて作図できますので、求める正方形の辺の長さもまた作図することができます。

円積線を用いて円の方形化の問題を解決したのは、ディノストラトスやニコメデスという人だと伝えられています。円積線は、角の三等分の問題を解くためにも使われました。

円の方形化問題は、アルキメデスの螺旋を使って解くこともできます。図1-3に示すように、平面上で、半直線ＯＢを定点Ｏの周りに一様な速さで回転させます。初めの位置をＯＡとすると、ＯＡから動き始めると同時に点ＰがＯから出発し、ＯＢに沿って一定の速さで動くとき、点Ｐが描く線がアルキメデスの螺旋です。

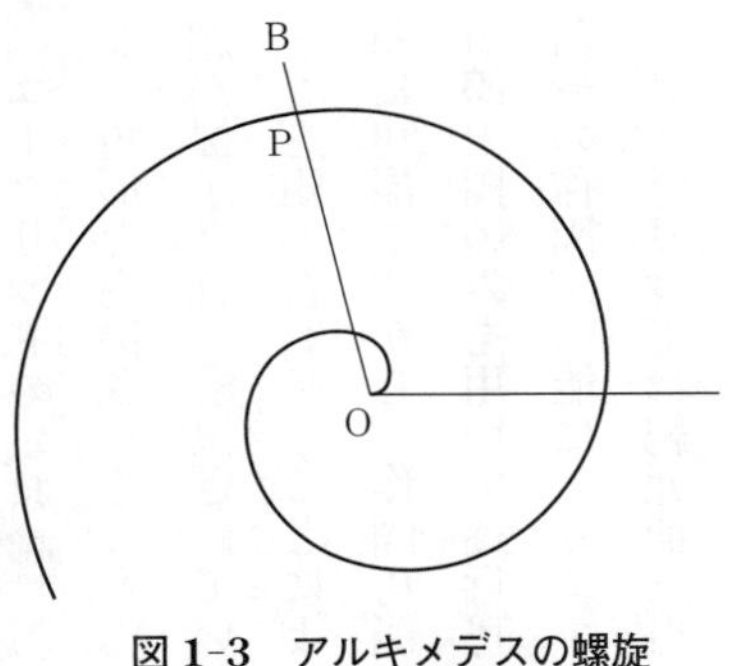

図1-3　アルキメデスの螺旋

角の三等分

古代ギリシア人が角の三等分の問題に遭遇したのは、円に内接する正多角形で、辺の個数が九もしくは九の倍数であるものを描こうとしたときであったということです（直角は正三角形を描けば三等分されますので、ここでは除きます）。

ユークリッドの『原論』の第四巻を参照すると、「与えられた円に与えられた三角形に等角な三角形を内接させること」、「与えられた円に等辺等角な五角形を内接させること」という問題が提示され、解決されています。つまり、正三角形と正五角形の作図が可能になります。三と五を組み合わせることにより、正十五角形の作図も可能です。また、任意の角の二等分はつねに可能ですから、作図可能な正多角形はますます増えていきます。これらの作図はどれも、直線と円のみを用いて遂行可能です。もし角の三等分ができれば、正三角形から出発して正九角形の作図が可能になります。

ユークリッドは紀元前三百年前後を生きた古代ギリシアの人で、当時の数学的知識を集大成して『原論』を編纂しました。

古代ギリシアでは、はじめ直線と円を用いて角の三等分を実現しようとする試みがなされた模様ですが、これは成功しませんでした。パップスは円と双曲線を用いてこの問題を解きました。パップスはアレクサンドリアに生まれ、四世紀の前半を生きた人といわれています。『数学集録』(全八巻)の編纂者として知られ、回転体の表面積と体積に関する「パップス－ギュルダンの定理」、三角形の辺の長さと中線の関係を明示する「パップスの定理」にその名が刻まれています。『数学集録』は古代ギリシアの幾何学の知識を集大成した作品で、デカルトの幾何学的思索のための貴重な手掛かりとなりました。

角の三等分問題は、アルキメデスの螺旋やニコメデスのコンコイドを用いて解くこともできます。ニコメデスは紀元前三世紀に生れた人と推測されています。

立方体の倍積

T・L・ヒースの『ギリシア数学史』には、この問題の起源として、数学に無知な一詩人による物語が紹介されています。それによると、クレタ島の王ミノスがグラウコスのために墓を建てさせたところ、その墓はどの方向にも百フィートしかなかったので、ミノスは大きさを二倍にせよと命じました。そして、そのためにはそれぞれの方向の寸法を二倍にすればよいと、まちがったことをミノスは付言したというのです。

別の話もあります。デロスの人びとが神託を受けて、ある疫病にかかりたくなければ、祭壇の大きさを二倍にしなければならないと告げられました。そこでプラトンを訪ねて相談したところ、プラトンはこれに応じ、神意は二倍の祭壇を望んでいるのではなく、ギリシア人が数学をおろそかにして幾何学を軽蔑するので、それを恥ずかしいことと思わせるためにこの問題を考えさせようとしたのだというのでした。

ニコメデスは、コンコイド(図1-4)を使って立方体の倍積問題を解きました。ディオクレスはシソイド(図1-5)という曲線を発見して解きました。

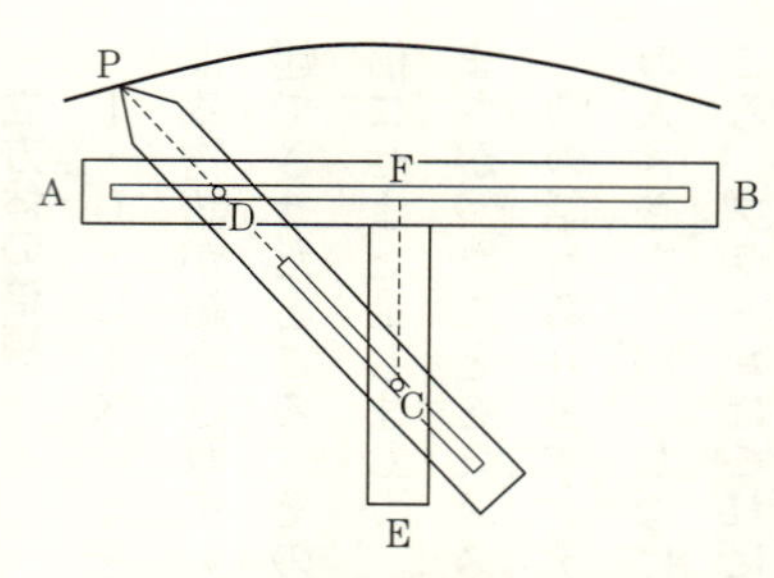

図1-4　ニコメデスのコンコイド
DはPC上に固定され，AB上を動く．CはEF上に固定され，PCは可動．点Pがコンコイドを描く．(ヒース『ギリシア数学史』より)

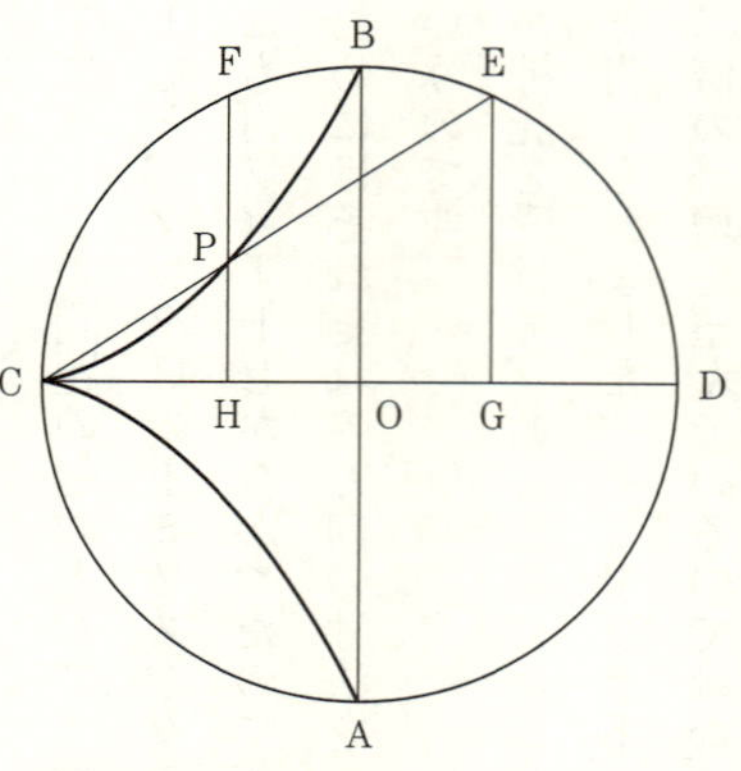

図1-5　ディオクレスのシソイド
弧BEと弧BFは相等しい．点Eが(点Fとともに)円周上を動くとき，CEとFHの交点Pはシソイドを描く．

このように古代ギリシアでは、作図問題の解決のためにいろいろな曲線が考案されました。これは、作図のための適当な装置を工夫することにほかなりません。

デカルトの幾何学

デカルト
デカルト

ルネ・デカルトは一五九六年三月三十一日、フランス王国トゥーレーヌ州の町ラ・エーに生れました。現在の地域表示では、ラ・エーはサントル地域圏のアンドル＝エ＝ロワール県に属しています。父はジョアシャン・デカルト、母の名はジャンヌ・ブロシャール。デカルトの生後十三か月がすぎて、一五九七年五月十三日に母が亡くなりました。一六〇七年、デカルトはラ・フレーシュ学院に入学しました。

ラ・フレーシュ学院は一六〇四年にイエズス会がアンリ四世の支援を受けて創設した学校ですが、所在地がアンジュー地方のラ・フレーシュでしたので、その名をとってラ・フレーシュ学院と呼ばれるようになりました。『方法序説』には「ヨーロッパでいちばん有名な学校の一つ」と書かれています。現在の地名表記ではラ・フレーシュはペイ・ド・ラ・ロワール地域圏のサルト県のコミューンです。

健康を害したため、デカルトは朝十一時までベッドに留まることを許されました。この朝寝坊はデカルトの終生の習慣になりました。ギリシア語とラテン語で書かれた古典の数々、キケロの修辞学と雄弁術、論理学、それにアリストテレスの哲学を学び、クラヴィウス(十六世紀のドイツの数学者・天文学者)の著作で数学を学びましたが、もっとも深く理解したのは「自分はほとんど何も知らない」という事実でした。一六一四年、ラ・フレーシュ学院を卒業してポアティエ大学に入学し、ここで法学と医学を学び、一六一六年十月、法律学の学位を得て卒業しました。この時点でちょうど二十歳です。

一六一八年、オランダ国境の要塞都市ブレダの軍事学校に入りました。イザーク・ベークマンという人と出会い、数学や力学を学び始めたのもこの年です。

一六一九年、三十年戦争に参加するためにドイツに向かい、バイエルン公マクシミリアン一世の軍隊に入りました。同年十月、ウルム市近郊の村の炉部屋にこもり、十一月十日の昼、「素晴らしい学の基礎」（G・ロディス＝レヴィス『デカルト伝』）を発見し、夜になって三つの神秘的な夢を見ました。デカルトはこのとき満二十三歳でした。

その後、旅に出て、ボヘミア、ハンガリー、ドイツ、オランダ、フランス、イタリアと遍歴を重ねました。パリ滞在中に、メルセンヌと出会いました。一六二八年、オランダに移住。一六三七年、『方法序説』を刊行しました。デカルトは四十一歳になっていました。

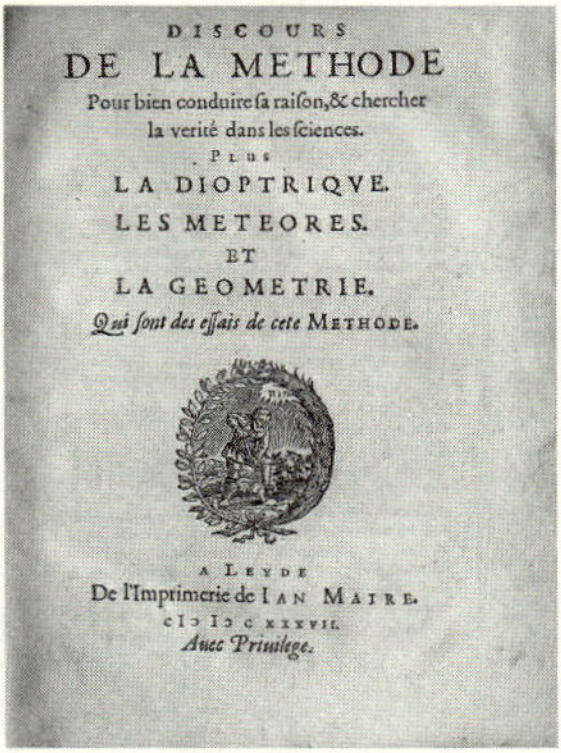
DISCOURS
DE LA METHODE
Pour bien conduire ſa raiſon, & chercher
la verité dans les ſciences.
PLUS
LA DIOPTRIQUE.
LES METEORES.
ET
LA GEOMETRIE.
Qui ſont des eſſais de cete METHODE.
A LEYDE
De l'Imprimerie de IAN MAIRE.
CIↃ IↃ C XXXVII.
Auec Priuilege.

『方法序説』

『方法序説』という書名は略称で、書名を完全に表記すると、『自分の理性を正しく導き、いろいろな学問において真理を求めるための方法について述べる話』（白水社版『デカルト著作集1 方法序説』）と非常に長大です。本書中の「私は考えている。だから私は有る」（同上。フランス語原文はJe pense, donc je suis. ラテン語訳はEgo cogito, ergo sum, sive existo. われ思う。ゆえにわれあり)は広く知られています。現在『方法序説』として刊行されている六部構成の序説に続き、名高い三つの試論「屈折光学」「気象学」「幾何学」が続きます。デカルトは、自分が発見した学問の方法を実際の学問に適用しようとしました。幾何学への応用に際して具体的に現れたのが、代数計算を根底に据えるというアイデアでした。

デカルトの『幾何学』

デカルトの『幾何学』は全三巻で構成されています(以下、デカルトの言葉は原亨吉訳『幾何学』から引用します)。

第一巻　円と直線だけを用いて作図しうる問題について
第二巻　曲線の性質について
第三巻　立体的またはそれ以上の問題の作図について

第二巻において、デカルトは曲線を方程式で表す方法を語り、それから曲線に法線(接線と直交する直線)を引く方法を語りました。そして、「幾何学に受けいれうる曲線はどのようなものか」という問いを立て、そのような曲線を「幾何学的曲線」と呼びました。ただし、一般概念をいきなり規定しようとするのではなく、その境目を明示しようとして思索を進めています。手掛かりは古代ギリシアの曲線論です。

古代ギリシアの曲線論には「曲線を分類する」という考え方がありました。

ユークリッドの『原論』第一巻の巻頭に五つの公準が配置されています。公準というのは、幾何学的推論を進める上で前提とされる要請です。第一公準は「任意の点から任意の点へ直線を引くこと」、第三公準は「任意の点と距離(半径)とをもって円を描くこと」です。これは、作図問題において直線と円は自由に利用してよいことが要請されているということです。そこで直線と円は「平面軌跡」と呼ばれました。

円錐曲線は、楕円、放物線、双曲線の総称で、これらは円錐を平面で切るときの切り口に現れる曲線です。円錐曲線を描くには円錐のような立体図形が必要と考えられたようで、そのため円錐曲線は「立体軌跡」と呼ばれました。なお、円は楕円の特別の場合と見られますが、円錐曲線の仲間には入れません。

軌跡にはもう一つ、「曲線的な線」があります。先に触れたパップスは「まだ知られていない軌跡で単に線と呼ばれているもの」と呼んでいます。ニコメデスのコンコイド、ディオクレスのシソイド、ヒッピアスの円積線、アルキメデスの螺旋などは「曲線的な線」に分類されました。これらの曲線はいろいろな装置を使うと描くことができますので、「機械的な線」とも呼ばれました。

デカルトは「曲線的な線」にどのような曲線を入れるべきかというところに不満があり、「より複雑なこれらの線の間に種々の段階を区別しなかったことに私は驚かざるをえない」という所見を表明しました。「機械的な曲線」と言わなければならないのは円積線と螺旋の二つで、コンコイドとシソイドは「幾何学的な曲線」と言うべきであるというのです。

幾何学的な曲線

デカルトにとって、真に幾何学的と呼ばれるのに相応しい曲線とはどのような曲線だったのでしょうか。デカルトはこう言っています。

幾何学とは的確で精密なもの、機械的とはそうでないものと解し、また、幾何学はすべての物体の測り方を知る方法を一般的な仕方で教える学問であると見るならば、最も複雑な線もひとつの連続的な運動、または互いに連係していて最後の運動は先だつ諸運動によって完全に規制されるような多数の運動によって描かれると想像しうるかぎり、それらの線を最も単純な線以上に退けねばならぬ理由のないことは、きわめて明らかであると私には思われる。なぜならば、この方法によって、常にそれらの線の測り方について精密な知識をもちうるからである。

幾何学に受け入れうるか否かの判断はひとえに「精密に測定しうるか否か」、言い換えると、「精密に描くことができるか否か」が分かれ目になっていると、デカルトは考えている模様です。実際の例について、デカルトの思索を具体的に追ってみたいと思います。

パップスの問題

デカルトは、パップスが取り組んだ作図問題を紹介しています。

まず平面上に正方形ＡＢＤＣ（辺の長さを a とします）を描きます。それとは別に前もって線分ＢＮ（長さを c とします）を与えておきます。正方形の辺ＡＣをＥまで延長し、ＥとＢを線分で結び、その線分と正方形の辺ＣＤとの交点をＦとします。Ｅの位置に応じて線分ＥＦの長さはどれほどでも小さくなり、どれほどでも大きくなりますが、ちょうどよい位置にＥを取って、与えられた線分ＢＮと等しくなるようにせよという問題です（図1-6）。

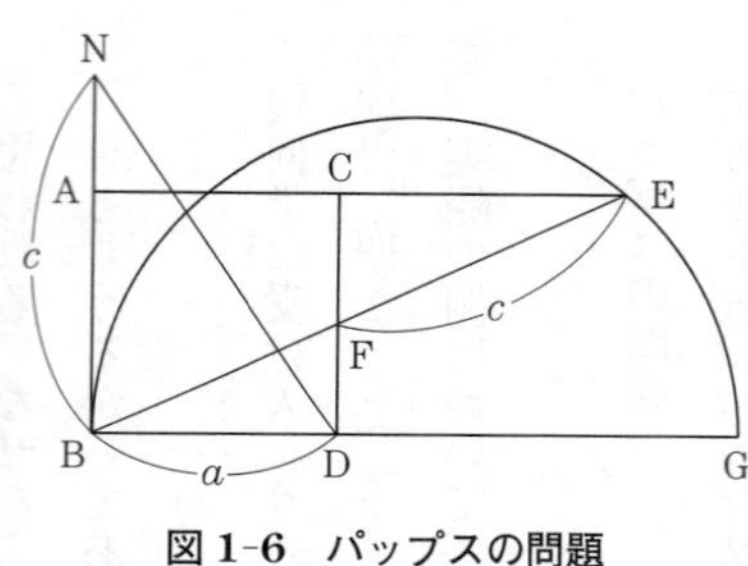

図 1-6　パップスの問題

パップスはこの問題を解くための巧みな方法を紹介しています。まずＢＤをＧまで延長し、ＤＧがＤＮに等しくなるようにします。次に、ＢＧを直径とする円を描き、直線ＡＣの延長線との交点Ｅを特定すれば、その点は求める点です。円を描いて解くところにこの解法の特徴が現れています。

それに対しデカルトは「この作図法は、それを知らぬ人にとってはなかなか思いつきにくいものであろう」と批評を加え、独自の方法による解答を書き加えました。

デカルトのアイデアの要点は、作図問題を代数方程式の解法に帰着させていくところにあります。デカルトは要請される点Eの位置が定められた状況を図示し、そのうえで線分DFを未知量として選び、これをxで表して計算を進めたのですが、これを実行すると次数四の代数方程式に到達します。代数方程式とは、文字xのべき、すなわちx、x^2、x^3、…および定数に、足し算と引き算を施して得られる式(多項式)を0と等置して得られる方程式です。パップスの問題の場合には$x^4-2ax^3+(2a^2-c^2)x^2-2a^3x+a^4=0$という方程式が出現します。デカルトは、十六世紀に得られたイタリアの数学者フェラリによる解法を用いてこの四次方程式を解きました。

三次と四次の代数方程式の解法は十六世紀イタリアの代数学の大きな成果で、カルダノの著作『大技術、あるいは代数学の諸規則について』(一五四五年)に記されています。三次方程式の解法は、シピオーネ・デル・フェッロとタルタリアが発見しました。

次数が四をこえると、代数方程式の解法はたちまち困難になります。パップスの問題の場合のデカルトの成功はまったくの僥倖でした。

三線の軌跡問題

次の例は、やはりパップスからの問題で、作図の対象が曲線そのものです。この古代ギリシアの難問を解決したという確信を得たところに、デカルトの曲線論の出発点があります。パップスは「ユークリッドにもアポロニウスにも、そのほか誰も完全には解くことのできなかったある問題」を語っています。アポロニウスは紀元前三世紀ころの人で、小アジアのペルガという町に生まれました。『円錐曲線論』(全八巻)の著者として知られています。パップスは『数学集録』で次のように述べています。

三本の直線が位置に関して与えられたとき、一点からこれらの三線に与えられた角をもって直線がひかれ、そのうちの二線に囲まれた矩形が残る線による正方形に対して与えられた比をもつならば、この点は位置に関して与えられた立体軌跡、すなわち三種の円錐曲線の一つに属する。

これが「三線の軌跡問題」です。わかりにくい表現ですので、単純化した例を図1-7に示しました。パップスは、この問題は未解決ではあるけれども、答は円錐曲線になるであろうという予想を立てています。与えられた直線が増えていくと、軌跡問題はむずかしくなっていきます。パップスは四線の軌跡問題に対しても答は円錐曲線と予測していますが、五線、六線以上の場合には、「点はまだ知られていない軌跡で単に線と呼ばれているものに属するであろう」と言っています。

デカルトは、「彼はその線(円錐曲線)を決定しようとも描こうともしておらず、また問題がより多数の線に関して提出されたとき、これらすべての点が見いだされるべき線を説明しようともしていない」と指摘し、そのうえで解答を書きました。

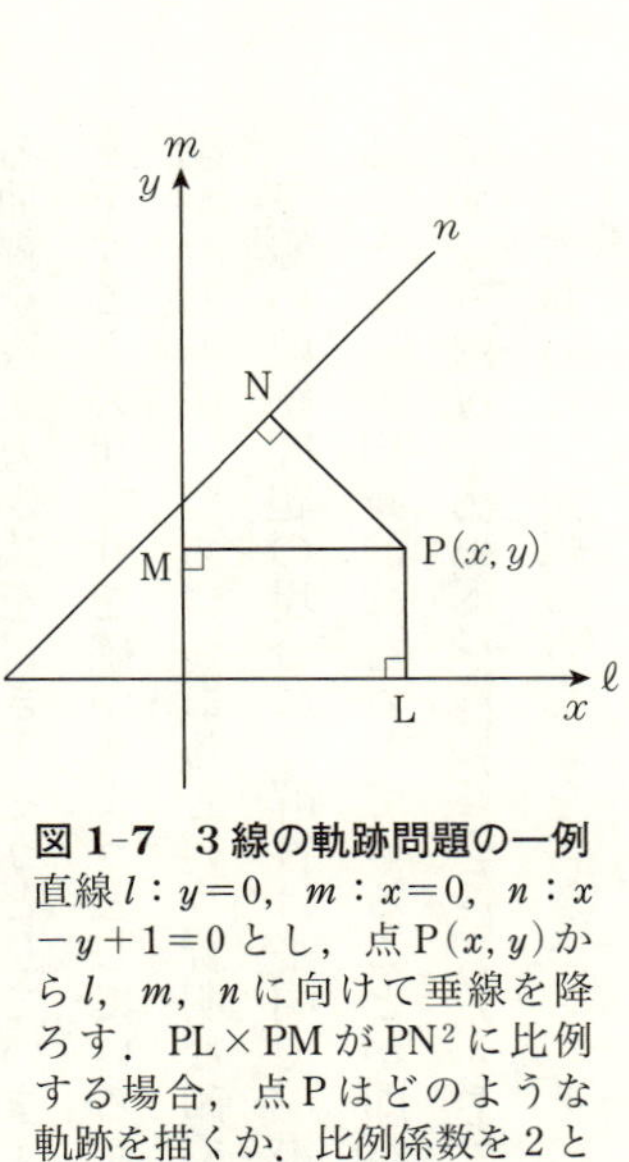

図 1-7　3 線の軌跡問題の一例
直線 $l: y=0$, $m: x=0$, $n: x-y+1=0$ とし，点 $\mathrm{P}(x, y)$ から l, m, n に向けて垂線を降ろす．$\mathrm{PL}\times\mathrm{PM}$ が PN^2 に比例する場合，点 P はどのような軌跡を描くか．比例係数を 2 とし，$\mathrm{PL}\times\mathrm{PM}=2\mathrm{PN}^2$ を解くと，$\mathrm{PL}=|y|$, $\mathrm{PM}=|x|$, $\mathrm{PN}=|x-y+1|/\sqrt{2}$ なので，$(x-y+1)^2=|xy|$．これより，$x^2-3xy+y^2+2x-2y+1=0$ (双曲線) および $x^2-xy+y^2+2x-2y+1=0$ (楕円) が得られる．

先の作図問題の場合と同様、デカルトは問題に解答を与える曲線を表す方程式を書き下そうとしています。というよりもむしろ、曲線を表す方程式を書き下すことの可能性を確かめようとしているかのようで、読み進めていくと、デカルトの曲線論が今しも生い育ちつつあるという鮮明な印象が心に刻まれます。

三線の軌跡問題の場合には解答は平明で、書き下された方程式を見れば、その次数が二であることから、円錐曲線を表していることが即座にわかります。四線の軌跡問題についても同様です。五線以上の場合にはただちにわかるというわけにはいきませんが、デカルトは『幾何学』において、曲線の方程式を書き下し、その方程式を観察して曲線の形を知るという、上記の二つの課題に応えようとしています。

曲線に接線を引く

法線と接線

デカルトは曲線に接線を引くことを極度に重く見ていました。接線を自在に引くことができるようになれば、曲線の凹凸の位置や曲がり方の度合いなどが正確に定められて、曲線の精密な形を知ることができるからです。デカルトが考案した方法は法線を引くのに適していました。法線と接線はどちらか一方が引ければ他方も引けますから同じことです。

次に引くのはデカルトの言葉です。

曲線のすべての性質を見いだすためには、そのすべての点が直線の点にたいしてもつ関係を知り、また、その曲線上のすべての点でこれを直角に切る他の線〔法線〕をひく方法を知れば十分である……（〔　〕は著者の註。以下同）

これこそ、あえて言うが、単に私が幾何学に関して知っているというだけでなく、かつて知りたいと思った最も有益で最も一般的な問題なのである。

曲線を表す方程式を書き下し、曲線上の各点において法線を引く方法を知ることができれば、それで曲線の性質はことごとくみな判明するというのです。

デカルトは、幾何学的曲線の基準を「曲線を表す方程式が代数方程式であること」という点に求めました。コンコイドとシソイドは代数方程式で表されますが、円積線と螺旋はそうではなく、代数方程式で表すことはできません。後年、ライプニッツは、代数方程式で表される曲線を代数曲線と呼び、代数方程式で表すことができない曲線を超越曲線と呼びました。古代ギリシアの曲線の分類ではこれらを区分けせず、コンコイドやシソイドを幾何学的曲線、すなわち幾何学に受け入れうる曲線の仲間に入れませんでした。デカルトが不満を抱いた理由がここにあります。

代数方程式で表される曲線のみを幾何学に受け入れるという考えは、法線法と密接に連繫しています。デカルトには、代数方程式で表される曲線の一般的な法線法を発見したという確信がありました。代数方程式で表されない曲線であっても、個別的に可能なこともあります。たとえば、フェルマはサイクロイドという超越曲線に接線を引くことに成功しました。ですが、一般的な方法を獲得するのは至難です。

楕円の法線

デカルトの方法により楕円に法線を引いて、法線法の実際の姿を観察してみたいと思います。

コラム1-1　楕円に法線を引く(デカルトの方法)

楕円の方程式は，$\dfrac{x^2}{a^2}+\dfrac{y^2}{b^2}=1$.

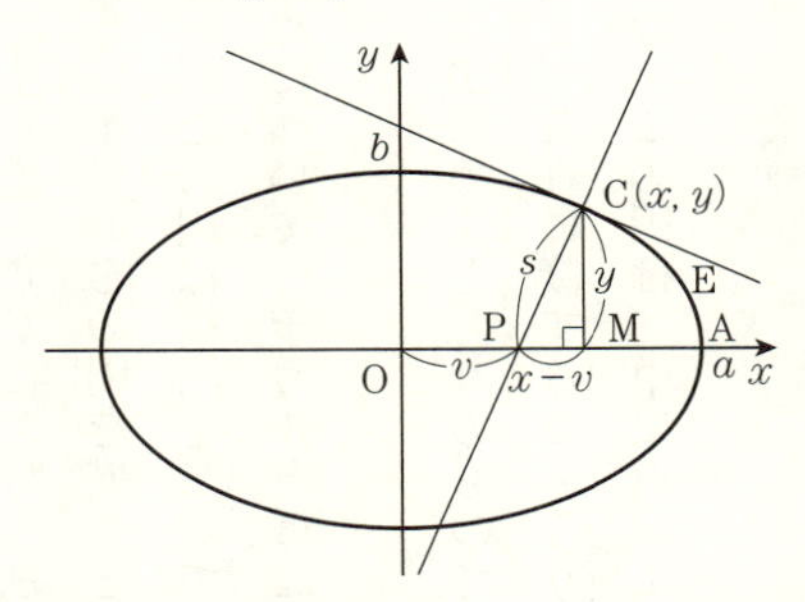

楕円上の点$C(x, y)$を取り，Cからx軸に向かって垂線CMを降ろします．Cにおける法線が引かれたとして，法線とx軸との交点をPとします．図のようにv, sを定め，直角三角形CPMに対してピタゴラスの定理を適用して計算すると，

$$x^2-\frac{2a^2v}{a^2-b^2}x+\frac{a^2(v^2+b^2-s^2)}{a^2-b^2}=0.$$

PCは法線ですから，この2次方程式は二重根をもちます．その根は$x=\dfrac{a^2v}{a^2-b^2}$．これより$v=\left(1-\dfrac{b^2}{a^2}\right)x$と点Pの位置が確定します．2点C, Pを結んで法線PCを描くことができます．

コラム1-1に、楕円に法線を引く方法を示しました。そこでは、点Cにおける法線がx軸と交わる点をPとして計算を進め、得られる二次方程式が二重根をもつことからその位置を定めています。そもそも「点Cにおける法線」とは何を意味しているでしょうか。

Pを中心とし、半径PCの円を描くと、その円はCにおいて楕円に接します。もし点Pがわずかにずれると、この円は楕円と二点で交わりますが、PCが法線のときは一点で接するのみです。この論点について、デカルトはこう言っています。

もしこの点が求めるとおりのものであれば、Pを中心とし点Cを通る円はそこでCEを切ることなく、これに接するであろう。しかし、この点Pが点Aに少しでも近すぎるか遠すぎるならば、この円は、単に点Cにおいてばかりでなく、必ず他の点においても曲線を切るであろう。

なお、ユークリッドの『原論』第三巻には、「円の接線」の定義として、「円と会し延長されて円を切らない直線は円に接するといわれる」と明記されています。

フェルマの足跡

デカルトと同時代のフェルマは数論研究で広く知られていますが、独自の接線法を提案した人物です。放物線や楕円はもとより、コンコイドやシソイド、あるいはまたサイクロイドのような超越曲線に接線を引くことにも成功しました。次の世代のライプニッツは今日の微分法の原型と見られる「万能の接線法」を発見しましたが、ライプニッツの方法はフェルマの方法に似ているところがあります。

フェルマは極大極小問題も追究し、いろいろな問題を解いています。しかも注目に値するのはその方法で、接線法と手法が同じです。観念的に考えるとこの二つの問題は何の関係もないのですから、どちらも同じ方法で解けるというのはいかにも不思議です。今日の微積分ではどちらも「関数の微分法」の応用問題ですので、同じように解けるのはむしろあたりまえです。実際、フェルマの方法はライプニッツにも影響を与えました(第2章参照)。

フェルマはまた、曲線で囲まれた面積を求めたり、曲線の弧長を算出したりしています。このように、微積分の根幹となる諸方面に足跡を刻んでいるのですが、ばらばらで、統一感が感じられません。

ちなみに、デカルトの『幾何学』の第二巻に、曲線を表す方程式が知られたなら、「それらの線が囲む面の大きさに関して決定されうるほとんどすべてのことをも知りうる」という言葉が記されています。こういうところを見ると、デカルトもまた面積を求めることに関心を寄せていたのではないかと思われますが、法線法の場合のようにどこまでも追い求めるという感じはありません。

フェルマの接線法

図1-8を参照しながらフェルマによる楕円の接線法の概略を紹介します。Dは楕円上の点とし、この点において接線DMが引かれているものとします。点Mの位置を定めるのが目標です。

Dから軸ZMに垂線DOを降ろします。フェルマはOMを未知量とし、ZOとONの満たすべき方程式を書き下しました。IはDとMの間の点で、IVはIからZMへの垂線、Eはその垂線と楕円との交点です。IV＞EVという事実に基づく不等式が得られますが、フェルマは計算の最後の段階でOV＝0と置き、この不思議な操作を通じて未知量OMを求めました。後年のライプニッツや今日の微積分の視点に似通っています。

フェルマはアポロニウスの著作を参照しており、それによるとアポロニウスは点Mの位置を

$$\frac{ZO}{ON}=\frac{ZM}{MN}$$

となるように定めたということです。この等式はフェルマの結果と一致します。フェルマはアポロニウスの接線法を数式を立てて確認したことになります。デカルトと同様、フェルマも既知量や未知量に名前をつけて式を立て、計算していくところは共通しています。まさしくその点において、これらの方法は古代ギリシアのアポロニウスの方法に比して著しく異なっています。

フェルマはこのような方法で、サイクロイドにもやすやすと接線を引きました。

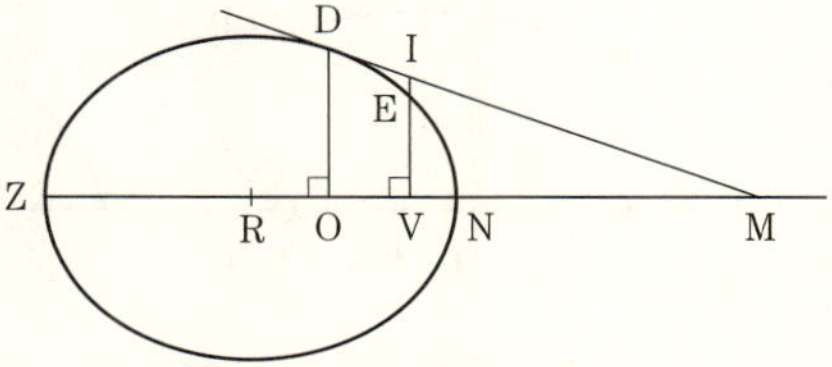

D I E Z R O V N M

図1-8　フェルマの接線法

$$OM=\frac{2ZO\cdot ON}{ZO-ON}$$

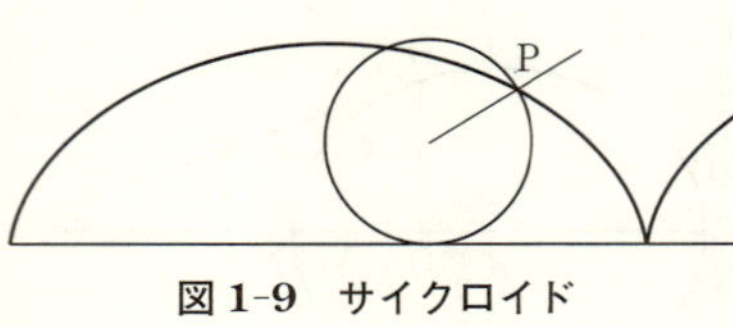

図 1-9　サイクロイド

サイクロイド

サイクロイドを描くには、直線と、その直線に接する円を描きます。その円を直線に沿ってすべらないように回転させます。このとき、円周上の一点が描く軌跡を指して、通常、サイクロイドと呼んでいます(図1-9)。サイクロイドは古代ギリシアには存在せず、西欧近代の数学の所産です。第2章で紹介するクザーヌスをはじめ、ガリレオ、トリチェリ、ヴィヴィアニ、デカルト、フェルマ、メルセンヌ、ロヴェルバルなど、多くの人びとの関心を引き寄せました。

一六五八年の一夜、歯痛に苦しめられて眠れなかったパスカルは、サイクロイドの求積、重心の決定、サイクロイドを軸のまわりに回転させて生じる立体の体積と表面積の算出を試みて成功しました。これらの結果を懸賞問題として提出したところ、ウォリスとラルエールが応じ、スルーズ(ベルギーの数学者)、リッチ(イタリアの数学者)、ホイヘンス、フェルマ、それにレン(イギリスの数学者)もまた研究成果をパスカルのもとに伝えてきました。レンはサイクロイドの弧長計算に成功しましたが、これはパスカルもできなかったことでした。

サイクロイドは最短降下線（ヨハン・ベルヌーイの発見。第4章で紹介します）でもあり、等時曲線（ホイヘンスが発見しました）でもあり、神秘的な性質が充満しています。その神秘性のゆえに、サイクロイドはギリシア神話の女神にたとえられて、「数学者たちのヘレナ」と呼ばれるようになりました。

デカルトの法線法とフェルマの接線法

フェルマは「極大と極小を探究する方法」という一連の書き物をメルセンヌの仲介を経てデカルトのもとに送り届けました。フェルマの全集に附された脚註によると、デカルトはそれを一六三八年一月十日ころ、受け取ったということです。前年、すなわち一六三七年には『方法序説』が刊行されていましたので、フェルマはデカルトの法線法を知っていました。フェルマの目にはデカルトの方法が物足りなく見えたようで、批判を加えるとともに、自分の方法の優位さを示そうという意図もあったことと思います。

デカルトもまたフェルマの方法に批判的な感情を抱いた模様です。デカルトは「幾何学に受け入れうる曲線とは何か」という根源的な問いに基づいて、円積線や螺旋やサイクロイドを法線法の対象から除外したのですが、その心情はフェルマには理解されなかったのでしょう。デカルトの側から見れば、まさしくそこに大きな不満を禁じえなかったことと思います。

デカルトは曲線の理論を応用して幾何の作図問題を解こうとして、古代ギリシアの流儀を踏襲しました。フェルマの書き物にはそのような明確な意図は感じられません。フェルマは接線を引くことそれ自体に関心を示していたように見えます。その代わりデカルトには見られないテーマ、極大極小問題を追究していました。接線法と極大極小問題が同じ手法で解けるということ自体に興味を感じていたようです。巧みな技巧を身につけた人という感じがあります。

デカルトには極大極小問題への関心が見られませんが、この点はフェルマの目には大きな欠落と見えたのではないかと思います。

第2章　数の不思議——ディオファントスとフェルマ

西欧近代の数論は十七世紀のはじめ、フェルマとディオファントスの著作『アリトメチカ』との出会いとともに始まります。古代ギリシアに芽生えた数の謎解きが西欧の土壌に移植され、青葉の繁茂する大樹に生い立ちました。

ディオファントスと「大定理」

欄外ノート

一六三〇年代のことと推定される出来事ですが、フェルマはディオファントスの著作と伝えられる『アリトメチカ』のラテン語訳を読んで触発され、欄外の広い余白に数論に関する四十八個のメモを書き込みました。この「欄外ノート」が近代数論の萌芽です。「アリトメチカ」はラテン語で「数の理論」を意味する言葉です。

ディオファントスの『アリトメチカ』

『アリトメチカ』はユークリッドの『原論』と同じく全十三巻で編成され、そのうち六巻のみが残存して西欧に伝えられて、ギリシア語からラテン語への翻訳が幾度か試みられました。近年、アラビア語に翻訳された四巻分ほどが発見され、話題になったことがあります。フェルマが入手したのはバシェという人の訳本で、刊行されたのは一六二一年。実際にはギリシア語原文とそのラテン語訳が並ぶ対訳書です。

ディオファントスの生涯はほとんど知られていませんが、T・L・ヒースによると、紀元三世紀にアレクサンドリアで活躍したことはおおむね諒解されている模様です。『ギリシア詞華集』の中にディオファントスという名前が見られる風刺詩があります。

ディオファントスは一生の六分の一を少年時代としてすごし、ひげは一生の十二分の一よりのび、さらに七分の一がすぎた後に結婚した。結婚して五年後に息子が生れた。その息子は父の二分の一の長さの人生を生き、父は息子の死の四年後に亡くなった。

ディオファントスの年齢を x として方程式を立てると、

$$\frac{1}{6}x+\frac{1}{12}x+\frac{1}{7}x+5+\frac{1}{2}x+4=x$$

となりますが、これを解くと、ディオファントスは八十四年の人生を生きたことがわかります。ただし、このディオファントスが『アリトメチカ』の著者と同一人物なのかどうか、これ以上のことはわかりません。

バシェのディオファントス

クロード＝ガスパール・バシェ・ド・メジリアクは一五八一年十月九日、フランス東部のブール＝カン＝ブレスに生まれ、一六三八年二月二十六日に同地で亡くなっています。バシェは一六一二年に『数の織り成すおもしろくて楽しいいろいろな問題』という著作を出しました。数学パズルを集めた本で、息長く読まれ続けた模様です。

バシェによるディオファントスの『アリトメチカ』のギリシア‐ラテン対訳書は、同じページが左右に分けられて、左側にギリシア語の原文が配置され、そのラテン語訳が右側に配置されています。バシェ自身の註釈もときどき附されています。実際の書名は非常に長く、そのまま訳出すると、『いまはじめてギリシア語とラテン語で刊行され、そのうえ完璧な註釈をもって解明されたアレクサンドリアのディオファントスのアリトメチカ六巻、および多角数に関する一巻』となります。実際に実物を眺めたことがありますが、なかなか複雑な構成をもった書物でした。冒頭に、表紙と白紙も込めてページ番号のついていないページが十三ページにわたって続き、それからページ番号が振られた記事が出て、三十二ページまで続きます。その次にようやく『アリトメチカ』の対訳が登場し、四百五十一ページに及びます。それからさらに多角数に関する作品の対訳が五十八ページを占めます。

中村幸四郎『数学史－形成の立場から』を参照すると、ディオファントスの『アリトメチカ』をヨーロッパの近代語に翻訳する試みはバシェ以前にもいろいろなされていたとのことです。一四五三年、オスマン帝国によって東ローマ帝国の首都コンスタンティノープル（現在のイスタンブール）が陥落し、ローマ帝国が滅びました。その十年後、ドイツのレギオモンタヌスがイタリア旅行中に『アリトメチカ』を発見したことを報告し、ラテン語への翻訳さえ企図しています。その後、ボンベリのイタリア語訳（一五七二年）、クシランダーのラテン語訳とドイツ語訳(一五七五年)、ステヴィンのフランス語訳(一五八五年)などが挙げられています。
ボンベリの『代数学』(一五七二年)の序文に、

ヴァティカンの図書館において、代数学に関連して、アレクサンドリアのディオファントスという人によって著されたギリシア語の文献が再発見された。ローマの数学講師アントニオ・マリア・パッツィ氏が私にそれを見せた。私はこの著者は数についてすぐれていると判断した(無理数論において、また演算の完全性において多少の問題はあるが)。このような大切な著作は世界を豊かにするという考えをもって、我々は、しかし二人とも多忙なので六巻あるうちの五巻を翻訳した。

と書かれているとのことです。レギオモンタヌスからボンベリが再発見するまで、実に百年という歳月を要しています。

代数学の父

『アリトメチカ』の問題の一例を挙げてみたいと思います。巻二の第八問題は「ある提示された平方数を二つの平方数に分けること」というものです。平方数とは一般に自然数の平方(二乗)となる数、すなわち1、4、9、16、25、…という形の数のことですが、『アリトメチカ』では分数の平方数が考えられています。

ディオファントスは、「どのような平方数も二つの平方数の和の形に分けられる」と言明し、例として平方数 $16=4^2$ を取り上げて、

$$16=\left(\frac{16}{5}\right)^2+\left(\frac{12}{5}\right)^2$$

という等式を示しました。両辺に $5^2=25$ を乗じれば、この等式は $20^2=16^2+12^2$ となり、自然数の平方数を二つの平方数の和に分ける関係式が得られます。

ディオファントスが例示した分解の根底にあるのは、ピタゴラスの定理です。すなわち、「直角三角形の斜辺を一辺とする正方形の面積は、他の二辺のそれぞれを一辺とする正方形の面積の和に等しい」。とくに、一辺の長さが1の正方形の対角線の長さ $\sqrt{2}$ は、自然数と自然数の比ではありえません。一般に、直角三角形の直角をはさむ二辺が自然数であっても、斜辺は

必ずしも自然数ではありません。この簡明な事実を踏まえたうえで、「直角三角形の斜辺でありうるのはどのような数か」とディオファントスは問い、自然数もしくは分数の範囲で考えるとき、「どのような数も直角三角形の斜辺になりうる」と応じました。

実際、ピタゴラスの定理により、

$$5^2 = 4^2 + 3^2.$$

両辺を5^2で割ると、

$$1 = \left(\frac{4}{5}\right)^2 + \left(\frac{3}{5}\right)^2.$$

したがってどのような平方数a^2も、

$$a^2 = \left(\frac{4a}{5}\right)^2 + \left(\frac{3a}{5}\right)^2$$

と、二つの平方数の和の形に表されます。$a=4$と取ったのがディオファントスの例です。今の目には簡単に見えるかもしれませんが、実に興味深い事実です。

コラム２-１に示したように、導き方を明示したところにディオファントスの工夫がありま す。この手順では、一定のアルゴリズムが自覚されていて、それだけが守られて式変形がすすめられています。ディオファントスが「代数学の父」と呼ばれることがあるのは、このあたりの消息を指しているのであろうと思います。

フェルマの大定理

フェルマはこのディオファントスの主張に反応して、

これとは裏腹に、三乗数を二つの三乗数に分けること、四乗数を二つの四乗数に分けること、一般に平方よりも高次のべきの数を二つの同一のべきの数に分けることは不可能である。

と欄外に書き込みました。そうして、これは有名なエピソードですが、が，ディオファントスは「Nをいくつでもよいから好きなだけ取るように」と指示しています．そこで，もう一つの平方数を$(aN-4)^2$とすると，以下，前と同様に計算が進み，$N=\frac{8a}{a^2+1}$．これより

$$16 = \left(\frac{8a}{a^2+1}\right)^2 + \left(\frac{4(a^2-1)}{a^2+1}\right)^2$$

と二つの平方数に分けられて，$a=2, 3, \cdots$に応じていろいろな答が得られます．この等式を変形すると，

$$(a^2+1)^2 = 4a^2 + (a^2-1)^2.$$

この等式が成立することは簡単な計算で確認されます．結局のところ，ディオファントスはこの自明な等式を根拠にして16を二つの平方数の和に分解したことがわかります．さらに，両辺を$(a^2+1)^2$で割ると，数1が二つの平方数に分けられますから，16ばかりか，どのような平方数m^2も，それを両辺にかければ，たちまち二つの平方数に分けられます．

コラム2-1　ディオファントスによる平方数の分解

16を二つの平方数の和の形に表したいのですから，16から何らかの平方数$Q=N^2$を引いて得られる数$16-Q$もまた平方数であってほしい．その平方数として，$(2N-4)^2$という形の数を採用せよというのがディオファントスのアイデアです．これを遂行すると，$16-Q=(2N-4)^2$，すなわち$16-N^2=4N^2-16N+16$．次に，この等式の左右両辺に共通の数16が相殺されて，$-N^2=4N^2-16N$．さらに歩を進め，「(左右両辺に)共通の負数を加えよ」と続きます．両辺にN^2と$16N$を加えよということですが，これを実行すると，$5N^2=16N$．これで$N=\dfrac{16}{5}$が求められ，対応して$Q=\left(\dfrac{16}{5}\right)^2$と$(2N-4)^2=\left(\dfrac{12}{5}\right)^2$も求められます．

ディオファントスは一例を挙げたまでで，16を二つの平方数に分解する仕方はいろいろあります．上の計算ではもう一つの平方数として$(2N-4)^2$を採ったのです私は真にすばらしい証明を発見したが、それをここに書くには余白が狭すぎる。

という言葉を書き添えました。このあたりの数語にはただならぬ気配が漂っています。ここにフェルマが書き留めた主張は後年、「フェルマの大定理」と呼ばれることになりました。フェルマの子のサミュエルが、「バシェのディオファントス」の復刻版を作成した際、フェルマの書き込みを本文中に組み込んで復元しました。フェルマの数論が後世に残されたのは、この「サミュエルのディオファントス」のおかげです。

フェルマ方程式

平方数が一般に二つの分数の平方数の和に分解するということは、平方数の性質です。しかし、前に説明したように、ディオファントスの議論を支えているのは、$z^2=x^2+y^2$ という方程式の自然数解の存在です。解として許容される数の範囲を自然数に限定するとき、この方程式は解をもつかもしれませんし、もたないかもしれません。解をもつとしても、有限個なのか無限個なのか、いろいろな場合がありえます。このようなタイプの方程式を、不定方程式といいます。

ディオファントスの命題を踏まえている以上、フェルマの大定理に現れるn乗数は、一般に分数のn乗数を意味しています。これはn乗数の一つの性質を述べていることになります。つまり、フェルマが考えているのは「数の理論」です。

しかし、ディオファントスの命題が不定方程式$z^2=x^2+y^2$の解法に帰着されたのと同様に、フェルマの大定理は不定方程式

$$z^n = x^n + y^n \quad (n > 2)$$

の解法に帰着されます。フェルマの主張は、この不定方程式が解をもたないということと同等です（$z=1, x=0, y=1$などのような自明な解は除外します）。後年、この不定方程式は「フェルマ方程式」と呼ばれるようになりました。

フェルマ

ピエール・ド・フェルマは一六〇一年八月十七日に生れたとするのが長い間の通説でした。

二〇〇一年、ドイツのカッセル大学のクラウス・バーナーが、フェルマの真の生誕日は一六〇七年の年末もしくは一六〇八年の年初ではないかという新説を提示しました。

フェルマ

通説は、洗礼を受けた日が一六〇一年八月二十日という記録を根拠としていました。一方、フェルマの墓碑銘には「一六六五年一月十二日、五十七歳で亡くなった」と刻まれています。生誕日を一六〇一年八月十七日とすると六十三歳で亡くなったことになり、墓碑銘の記述と合いませんので、従来から通説に対して疑問の声がなかったわけではありません。

バーナーの調査によると、一六〇一年八月十七日に生れたフェルマ家の子供は確かに存在するのですが、名前はピエール（Piere, rが一個）で、しかも生後まもなく亡くなったということです。その後、一六〇七年に生れた子供に同じピエール（Pierre, rが二個）という名前をつけました。この二人目のピエールが数学者のピエールです。最初のピエールの母も早く亡くなり、父親が再婚して二人目のピエールが生れました。洗礼の記録が欠けているため、生誕日は特定できませんが、一六〇七年十月三十一日から十二月六日までの間に絞り込まれたと報告されました。この調査結果が正しいなら、実に四百年にわたって流布していた通説が覆されたことになります。

フェルマの生地はフランス南西部のボーモン＝ド＝ロマーニュです。今日の地名表記ではタルヌ＝エ＝ガロンヌ県のコミューンで、地域圏はミディ＝ピレネーです。近くにトゥールーズという大きなコミューンがあります。

フェルマはトゥールーズ大学とオルレアン大学に学び、故郷のトゥールーズで法律関係の職業に就いて生涯をすごしました。数学は独自に学びました。デカルトはパップスの著作『数学集録』を参照して古代ギリシアの数学的世界に入っていきましたが、フェルマはアポロニウスの『円錐曲線論』に示唆を得て古代ギリシアの曲線論に親しみ、ディオファントスの『アリトメチカ』を読んで数論の復興を試みました。

デカルトとともに西欧近代の数学の根底を作った人物ですが、第1章で触れたように、この二人の考え方はまったく相容れるところがありませんでした。デカルトの法線法とフェルマの接線法が大きく異なるところに、両者の数学思想の相違がよく現れています。屈折光学でも意見の相違が現れました。

直角三角形の基本定理

直角三角形の斜辺になりうる素数

ディオファントスの数論は直角三角形に関係のあるものが多いのですが、フェルマもまた直角三角形から多くのテーマを採取しています。フェルマが「直角三角形の基本定理」という言葉を最初に使ったのは、一六四一年六月十五日付のフレニクル宛の手紙においてのことで、

直角三角形の基本定理というのは、4の倍数よりも1だけ大きい素数（「4で割ると1が余る素数」と言っても同じです）はどれも二つの平方数で作られる、というものです。

と書いています。フェルマはこの定理がことのほかお気に入りだったようで、パスカルをはじめ、いろいろな人に手紙で報告しています。①に、その適用例を示します。

いずれも、左辺は4で割るときの余りが1の素数、右辺は二つの平方数の和になっています。

5＝1＋4　　13＝4＋9　　17＝1＋16　　29＝4＋25
37＝1＋36　　41＝16＋25

①　直角三角形の基本定理の適用例

フェルマが「直角三角形の基本定理」そのものを認識したのはフレニクルに伝えるよりもずっと早く、すでに「欄外ノート」の第七番目に出ています。

フェルマは、「4の倍数よりも1だけ大きい素数はただ一通りの仕方で直角三角形の斜辺になる」と書き出します。続いて、「その平方は二通り、三乗は三通り、四乗は四通りの仕方で直角三角形の斜辺になる。以下も同様」と言い添えています。ここで「ある数が直角三角形の斜辺になる」とは、「その平方が二つの(自然数の)平方数の和の形に表されること」を意味しています。

この定理を言い換えると、「方程式 $x^2+y^2=p^{2n}$ が n 組の自然数解 (x, y) をもつ」となります。一例として $p=5, n=2$ を取ると、$5^4=625=7^2+24^2=15^2+20^2$ と、確かに二通りの仕方で二つの平方数の和の形に表されます。

二つの平方数の和に分けられる平方数

もともとフェルマの「欄外ノート」第七番の対象は、ディオファントスの『アリトメチカ』巻三の第二十二問題に対してなされたバシェの註釈です。そのディオファントスの問題は、直角三角形の斜辺となる数を二つの平方数に分ける問題です。ディオファントスは、直角三角形の三辺となる例として、三つ組(3、4、5)と(5、12、13)を挙げています。

$$5^2 = 3^2 + 4^2, \qquad 13^2 = 5^2 + 12^2.$$

前者の両辺に 13^2 を乗じ、後者の両辺に 5^2 を乗じると、

$$65^2 = 39^2 + 52^2, \qquad 65^2 = 25^2 + 60^2.$$

これらの等式は、数の三つ組(39、52、65)と(25、60、65)がいずれも直角三角形の三辺であることを示しています。

視点を転換して、数 $65 = 5 \times 13$ から出発したらどうなるでしょうか。ディオファントスは「65は二つの平方数の和に分けられる」ことを明記して、その根拠を、65が二つの素因数5と13の積であること、5も13も二つの平方数の和に分けられる($5 = 1^2 + 2^2$, $13 = 2^2 + 3^2$)ことに求めています。コラム2-2に示す手順により、前の二つの三つ組に加えて、さらに二つの三つ

コラム2-2　ディオファントスの方法

ディオファントスは，二つの「二つの平方数の和」の積が，やはり「二つの平方数の和」であることを知っていました．

$$(a^2+b^2)(c^2+d^2) = (ac\pm bd)^2+(ad\mp bc)^2 \quad (*)$$

これを $65=5\times 13$ に適用すると，$a=1, b=2, c=2, d=3$ として，$65=8^2+1^2=4^2+7^2$ と，2通りの仕方で二つの平方数の和の形に表されます．

続いて，こうして得られた8と1，あるいは4と7を使って「斜辺の長さが65の直角三角形」を作ります．

$65^2=(8^2+1^2)(8^2+1^2)$ あるいは $65^2=(7^2+4^2)(7^2+4^2)$ と見て，等式$(*)$を適用すると，$65^2=63^2+16^2=33^2+56^2$ という等式が得られます．また「8と1」と「7と4」を同時に使うと，$65^2=(8^2+1^2)(7^2+4^2)=(8\times 7+1\times 4)^2+(8\times 4-1\times 7)^2=60^2+25^2$，および $65^2=(8\times 7-1\times 4)^2+(8\times 4+1\times 7)^2=52^2+39^2$．これは右ページで$(3, 4, 5)$と$(5, 12, 13)$を用いて作成した等式と同じです．

$5=1^2+2^2$ から出発して同じ手順を繰り返すと，$5^2=3^2+4^2$，また $13=2^2+3^2$ から出発すると，$13^2=5^2+12^2$ が得られます．そこで，$65^2=5^2\times 13^2=(3^2+4^2)(5^2+12^2)$ と表示して，前のように等式$(*)$にあてはめると，$65^2=63^2+16^2=33^2+56^2$．これは「8と1」と「7と4」をそれぞれ単独で用いて得られた等式と同じです．

組（16、63、65）、（33、56、65）が提示されました。

ディオファントスの方法を見て、バシェは註釈をつけ、5525と1073をそれぞれ二つの平方数の和の形に表しました。それぞれ六通りと二通りの表示が見つかります。さらに歩を進めて、二つの数の積5525×1073＝5928325を二つの平方数の和に分ける等式が二十四個見つかります。

このバシェの註釈に対してさらに註釈を書き添えたのがフェルマで、それが「直角三角形の基本定理」を含む「欄外ノート」の第七番目でした。

問題のいろいろ

「欄外ノート」の第七番目は非常に長く、いろいろなことが書かれています。たとえば、フェルマは「ある数が与えられたとするとき、その数は何通りの仕方で直角三角形の斜辺になるだろうか」という問題を立て、一例として359125を挙げて、五十二通りという解を得ています。

ピタゴラスの定理に関連して、フェルマはこのようなさまざまな問題を提示しました。それらの根底にあるのは「4で割ると1が余る素数は二つの平方数の和に分けられる」という事実です。そこでフェルマはこの事実を主張する命題を重く見て、これを「直角三角形の基本定理」と呼びました。

フェルマは「直角三角形の基本定理」の証明をもっていたかもしれませんが、公表しませんでした。証明にはじめて成功したのはオイラーで、公表されたのは一七六〇年のことでした。

フェルマの小定理と完全数

フェルマの小定理

フェルマは一六四〇年十月十八日付のフレニクルへの手紙の中で、「フェルマの小定理」をはじめて語りました。その内容は次の通りです。

pは素数とし、aはpで割り切れない数とすると、$a^{p-1}-1$はpで割り切れる。

フェルマはまず素数pを取り、次に$p-1$個の数で作られる幾何数列

n	1	2	3	4	5	6	12
3^n-1	2	8	26 $=13\times2$	80	242	728 $=13\times56$	531440 $=13\times40880$

② フェルマの小定理の例

$$a, a^2, a^3, \cdots, a^{p-1}$$

を設定します。ここで、aはpで割り切れない数としてほしいのですが、フェルマは明記していません。あたりまえのことと受け止めてもらえると思ったのでしょう。このような状勢のもとで、「上記の幾何数列のうちのどれか一つのa^nから1を引いた数、すなわちa^n-1はpで割り切れる」とフェルマは語りました。しかもその場合、べき指数nは$p-1$の約数であることも言い添えられています。

一例として$p=13, a=3$を取り、3のべきを作っていくと、②のようになります。3番目、6番目、12番目の数は13で割り切れて、べき指数3、6、12は12の約数です。

2のべきについて

n	1	2	3	4	5	6	7	8	9	10
2^n-1	1	3	7	15	31	63	127	255	511	1023

11	12	13
2047	4095	8191

③ 2のべき乗からつくられる数

フェルマは2のべきを次々と作り、さらにそれらから1を引いて、③のような数列を書き下しました。一六四〇年の六月にメルセンヌに宛てて書かれたと推定されるフェルマの手紙に出ていることです。

フェルマはまず、「べき指数nが合成数なら、対応する数2^n-1もまた合成数である」と語りました。合成数とは、素数ではない数のことです。たとえば、べき指数6は合成数、対応する63もまた合成数です。

フェルマは次に、「べき指数nが素数なら、2^n-2は、べき指数の二倍、すなわち$2n$で割り切れる」と語りました。たとえば、べき指数7は素数で、これに対応する数は127ですが、ここから1を差し引くと126になります。これはべき指数7の二倍、すなわち14で割り切れます。

フェルマの第三の主張は、「べき指数nが素数なら、対応する数2^n-1の素因数は、べき指数の二倍$2n$もしくはその倍数に1を加えた数、すなわち$2nx+1$という形の数以外ではありえない」というものです。これはいくぶん複雑な印象がありますが、たとえば素数のべき指数11に対応する数は2047で、その素因数は23と89の二つです。$2nx+1=22x+1$という形の数は、23、45、67、89が見つかりますが、23と67と89は素数で、45は素数ではありません。

このような三つの命題を挙げた後に、フェルマは「これらは私が発見し、やすやすと証明した三つのきわめて美しい命題です」と言い添えました。これが、フェルマが「フェルマの小定理」を発見したころの情景です。

完全数

③の下側の数列を、フェルマは「完全数の根(こん)」と呼んでいます。完全数とは、「自分自身を除く約数の総和に等しい数」のことで、かんたんな例としては6(=1+2+3)や28(=1+2+4+7+14)があります。なぜ「完全数の根」と呼ぶのかというと、「もし2^n-1が素数なら、それは完全数を作り出すから」というのがフェルマの所見です。

完全数はユークリッドの『原論』に出ている古い言葉です(コラム2-3)。『原論』は幾何学がよく知られていますが、第七、八、九巻のテーマは数論です。たとえば第九巻、命題二十では、「素数の個数はいかなる定められた素数の個数よりも多い」と、素数が無限に存在するこ

コラム 2-3　2のべきがつくる完全数

ユークリッド『原論』第9巻，命題36に次のように記されています．

> もし単位から始まり順次に1対2の比をなす任意個の数が定められ，それらの総和が素数になるようにされ，そして全体が最後の数にかけられてある数をつくるならば，その数は完全数であろう．

これを今日の数式を援用して書き表すと，「n は任意の自然数として，和 $S_n=1+2+2^2+\cdots+2^{n-1}$ を作るとき，もしこの和が素数であれば，積 $S_n\times 2^{n-1}$ は完全数になる」となります．

実際，S_n が素数の場合，積 $S_n\times 2^{n-1}$ の自分自身以外の約数をすべて書き下すと，

$$1, 2, 2^2, \cdots, 2^{n-1};\ S_n, 2\times S_n, 2^2\times S_n, \cdots, 2^{n-2}\times S_n$$

となります．これらの約数の総和は，$S_n=2^n-1$(等比数列の和の公式 $1+a+a^2+\cdots+a^k=\dfrac{a^{k+1}-1}{a-1}$ を用いて計算します)に注意して，

$$2^n-1+(2^{n-1}-1)\times S_n = S_n\times 2^{n-1}$$

となります．積 $S_n\times 2^{n-1}$ は確かに完全数であることがわかります．

とが明快に表明されています。『原論』に記述された数論はディオファントスの数論の泉です。当然のことながらフェルマは『原論』を知っていました。そのフェルマが、一般に必ずしも素数とは限らない2^n-1という形の数に着目したのは瞠目に値します。

前項で紹介したフェルマの「三つの美しい命題」はディオファントスは関係がありませんが、そこにはさらに遠くユークリッドの影が射しています。

フェルマ数

数2のべきに関連して、フェルマは$2^{2^x}+1$という形の数を考察しました。2の肩に2のべき2^xが乗っていますが、たとえば$x=3$に対しては、$2^{2^3}=2^8=256$です。はじめのいくつかを並べると、④のようになります。今日では、この形の数は「フェルマ数」と呼ばれています。

フェルマは「$2^{2^x}+1, x=0,1,2,3,\cdots$という形の数はどれもみな素数である」と語りました。一六四〇年のフレニクル宛書簡やメルセンヌ宛書簡、一六五四年のパスカル宛書簡に書き留められています。ただし、例によって証明は欠けています。

もしフェルマの予測が正しいなら、「フェルマ数」ではなく「フェルマ素数」という呼称が

x	0	1	2	3	4	5
$2^{2^x}+1$	3	5	17	257	65537	4294967297

6
18446744073709551617

④ フェルマ数の例

正当性をもつはずです。しかし、$x=5$ に対する数は素数ではなく、641×6700417 となります。因子 641 を見つけたのはオイラーです。$x=6$ に対する数も素数ではなく、

$$18446744073709551617 = 274177 \times 67280421310721$$

と分解されます。

ユークリッドは素数の無限性を示しましたが、素数が生成される仕方は考えていませんでした。誤りはしましたが、フェルマは素数が生成される様式に関心を寄せていたのでしょう。ギリシアから出てギリシアを越えようとするところに、近代数学の黎明が感じられます。

多角数

平方数に関連するフェルマの命題に、「どのような数もたかだか四個の平方数の和の形に表される」というものがあります。直角三角形の基

本定理により、「4の倍数より1大きい素数」なら二つの平方数の和の形に表されますが、一般には平方数が二つだけでは数の表示には足りません。そこでフェルマは一歩を進め、平方数の個数を四個にすれば、どんな数でも和の形に表示されると言明したのでした。四個の平方数を対象にするということになればピタゴラスの定理とは関係がありませんし、直角三角形のような図形の性質も反映されていません。この命題は一六五八年六月と推定されるディグビィ宛書簡と、一六五九年八月のカルカヴィ宛書簡において表明されました。

平方数は四角数とも呼ばれます(図2-1)。一般に正多角形を考えて、点を並べて正多角形を作るのに必要な点の個数は多角数と呼ばれています。正三角形なら三角数です。1は特別に扱うことにして、任意の n に対して n 角数であるものとみなします。

フェルマは「欄外ノート」の第十八番目において「多角数に関するフェルマの定理」を表明しました。一六三六年のメルセンヌ宛書簡、一六五四年のパスカル宛書簡、一六五八年のディグビィ宛書簡にも記されています。

まぎれもなくわれわれは、ほかならぬわれわれこそが、このうえもなく美しく、きわめて一般的な一つの命題をはじめて明るみに出したのである。すなわち、あらゆる数は三角数であるか、あるいは二個または三個の三角数を用いて〔それらを加えることにより〕作り出される。四角数であるか、あるいは二個または三個または四個の四角数を用いて〔それらを加えることにより〕作り出される。五角数であるか、あるいは二個または三個または四個または五個の五角数を用いて〔それらを加えることにより〕作り出される。こんなふうにして六角数、七角数と、どこまでも限りなく続いていって、任意の多角数、すなわち角の個数に応じて表明される驚嘆すべき一般的命題に到達する。

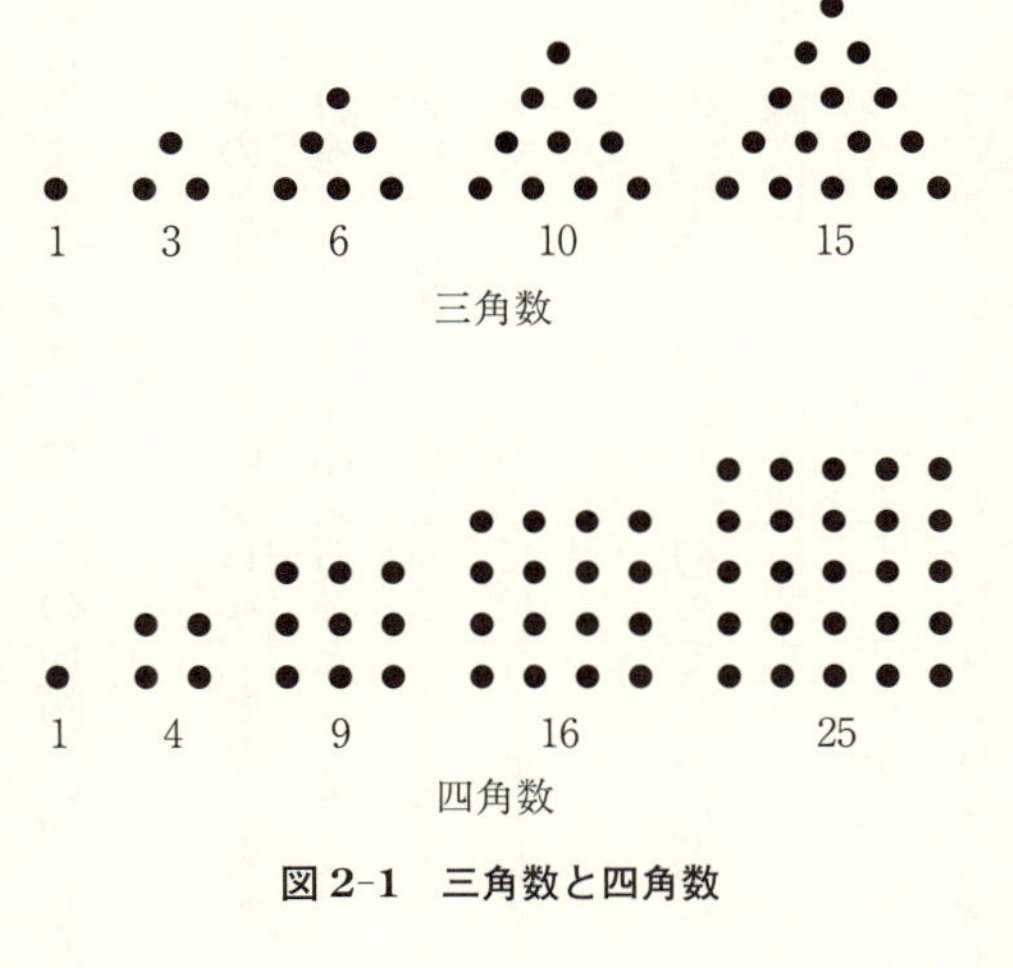

図 2-1　三角数と四角数

これを言い換えると、「どのような数もたかだか n 個の n 角数の和の形に表される」という命題になります。フェルマはこの命題を発見したことがよほど自慢だったようです。

その証明は数々の多彩な、奥深い場所に秘められている数の神秘から導き出されるが、それをここに書き添えることはできない。なぜならわれわれは、この仕事を成し遂げて一冊の完全な書物を著し、このアリトメチカの領域において昔からよく知られている限界を越えて、目を見張るまでに押し進める決意を固めたからである。

この「定理」の証明を初めて試みた人は、またもオイラーでした。オイラーは一七五四／五年の論文において四角数に関するフェルマの定理の証明を試みたのですが、完全ではなく、そこをラグランジュが一七七〇年の論文で補いました。完全に一般的な場合の証明はやはりむずかしく、コーシーが一八一三年に成功しました。

ディオファントスとの別れ

ディオファントスの『アリトメチカ』には直角三角形の明るい光が射しています。ピタゴラスの定理は三個の平方数の関係式の形で表明されますから、数の中でも平方数が極度に重い位置を占めます。三乗数は見かけません。四乗数は出てきますが、それは「平方の平方」という言い方で語られています。ただし「フェルマの大定理」では、フェルマは三乗数はおろか任意の次数のべき乗数を平然と考えています。そうなると平方数への愛着のような感情はすっかり影をひそめています。二人の諸命題で共通して語られているのは、どれもみな数の性質です。「ディオファントスと「大定理」」で触れたように、彼らが提示した諸命題はほとんど不定方程式の問題として諒解することができます（「フェルマの小定理」などは不定方程式論とは関係がなさそうですが）。今日ではむしろ、不定方程式論が数の理論として認識されるようになっています。フェルマ以後の数論については、第6章で語りたいと思います。

第3章　微積分の誕生——ライプニッツ

第1章で語ったように、曲線に接線を引くためにデカルトとフェルマはそれぞれに独自の方法を手にしていました。デカルトとフェルマの提案を受けて、ライプニッツはあらゆる曲線に接線を引く方法を考案しました。さらに、その接線法を「逆向き」に用いて、曲線が取り囲む領域の面積を求める方法を発見しました。微分法と積分法がこうして誕生しました。

万能の接線法

ライプニッツ

デカルトはスウェーデンのクリスティーナ女王の招聘を受け、一六四九年の秋からストックホルムに逗留していましたが、一六五〇年二月十一日に肺炎にかかり亡くなりました。満五十三歳でした。フェルマは一六六五年一月十二日にカストルという町で亡くなりました。第2章で紹介した一六〇七年の年末に生まれたという新説を採用すると、満五十七歳で亡くなったことになります。カストルは現在ではミディ＝ピレネー地域圏のタルヌ県に属しますが、フェルマの生誕時にはラングドック州の町でした。

ゴットフリート・ヴィルヘルム・ライプニッツは一六四六年七月一日、ドイツのライプツィヒで生れました。その時はまだデカルトもフェルマも健在でした。一六六一年の秋、十五歳のライプニッツはライプツィヒ大学に入学し、法律を学びましたが、同時に哲学に強く心を惹かれました。各地の大学を遍歴し、その途次、ニュルンベルクではマインツ選帝侯の前首相ヨハン・クリスティアン・フォン・ボイネブルクに会っています。一六六七年から一六七二年まで足掛け六年、マインツ選帝侯ヨハン・フィリップ・フォン・シェーンボルンに仕えました。

ライプニッツ

一六七二年三月、ボイネブルクとライプニッツはフランス王ルイ十四世にエジプト攻略を建策し、その説明のためにパリに向かうことになりました。この時点でライプニッツは満二十五歳です。本来の目的とは別に、パリ逗留の最大の収穫は、名高い数学者、物理学者、天文学者クリスティアン・ホイヘンスとの出会いでした。ライプニッツはホイヘンスの影響を受けて数学に心を寄せ始めました。

パリ逗留前後のライプニッツの消息に触れて、下村寅太郎はこんなふうに言っています。

彼が初めてパリに出て来た時には近世数学には全く無識であった。未だ無限級数やデカルトの「幾何学」やその解析的方法を知らなかった（そして事実上それがドイツの学問の水準に他ならなかった）。ロンドンへ渡ってからいよいよ自己のドイツ以来の数学的教養が仏、英の学界の水準に比しはるかに低いことを自覚した。彼の数学的労作への没頭はロンドンから再びパリに帰ってきてからである。そして一六七六年には既に微分法の構想がほぼ成功した。彼は近世数学には無縁な者としてパリに来たが、数年にして近世数学の支配者となり、征服者として去った。ライプニッツのこの天才的な飛躍ほど目覚ましいものは学問の歴史の中にその比を見ないであろう。（下村寅太郎『ライプニッツ研究』）

一六七六年秋十月、ライプニッツはパリを離れ、イギリス、オランダを経て故国に向かいました。途中、オランダでスピノザを訪ねています。四年と七か月に及ぶライプニッツの遍歴がこれで終わりました。

ホイヘンスとデカルト

ホイヘンスは一六二九年にオランダのハーグに生れました。父はデカルトと同年の親しい友でした。デカルトはしばしばホイヘンス家を訪れ、少年ホイヘンスの才能に目を見張った模様です。ホイヘンスのほうでもデカルトに敬意を抱いていたようで、父によると「彼は、故デカルト氏のことをみずからの血縁に連なる人物と語っていた」ということです（ロディス＝レヴィス『デカルト伝』）。

ホイヘンスは一六六六年にパリに移住したため、パリにやって来たライプニッツはホイヘンスに会うことができました。デカルトからホイヘンスへ、ホイヘンスからライプニッツへと、西欧近代の数学の系譜は人から人に手渡されて連綿と続いています。

微積分の二論文

ライプニッツの微積分は二篇の論文において公表されました。第一論文の標題は

「分数量にも無理量にもさまたげられることのない極大・極小ならびに接線を求めるための新しい方法。およびそれらのための特異な計算法」(『学術論叢』一六八四年十月)

というもので、テーマは微分計算です。第二論文は、

「深い場所に秘められた幾何学、および不可分量と無限の解析について」

(『学術論叢』一六八六年七月)

というものです。テーマは積分計算なのですが、ライプニッツは積分という言葉を使わずに「深い場所に秘められた幾何学」と言っています。意味を汲むのがむずかしい不思議な表題です。

二論文が掲載された『学術論叢』(*Acta eruditorum* アクタ・エルディトールム。「学者の活動」の意)は、一六八二年にライプツィヒでオットー・メンケが創刊したドイツの最初の学術誌で、月刊誌です。メンケが編集を担当し、ライプニッツも協力しました。一七三一年まで、刊行は足掛け五十年に及びました。

万能の接線法

ライプニッツの第一論文の中に、曲線の接線について、

接線を見出すということは本来、曲線上の無限に小さい距離を持つ二点を結ぶ直線を引くこと、つまり私たちにとっては曲線と同値である無限個の角を持つ多角形の一辺を引くことである(『ライプニッツ著作集　第二巻　数学論・数学』工作舎、所収の邦訳より。以下、ライプニッツの言葉はこの本から引用します。)

という言葉が見られます。曲線は無限小の長さの辺を無限につなげて描かれる線、すなわち

「無限小辺無限多角形」と同等であるという不思議な認識がここに表明されているのですが、これは十五世紀のドイツの神秘主義的宗教者ニコラウス・クザーヌスの系譜に連なる思想です。

ライプニッツのいう曲線は、デカルトが限定したような、代数方程式で表される曲線とは限りません。ライプニッツ自身、「私たちの方法が代数計算に還元されることのできない曲線、つまりいかなる確定した次数も持たない超越曲線にも適用されることも明白である」と語っています。

ライプニッツは曲線にまつわるあれこれの量をfunctio(フンクチオ)と呼んでいました。この言葉には「関数」という訳語が当てられますが、今日の微積分でいう関数の概念を提案したのはライプニッツの次の世代のオイラーであり、ライプニッツのいうfunctioは今日の関数とは関係がありません。それでも、オイラーのいう「円から生じる超越量」、すなわち$\sin\theta$, $\cos\theta$, $\tan\theta$など(今日の三角関数)や、指数量(今日の指数関数)、対数量(今日の対数関数)などの量そのものは早い時期から知られていましたから、これらを用いて表される曲線を取り上げて、曲線の世界を拡大していきました。

第1章で紹介したヒッピアスの円積線やアルキメデスの螺旋、西欧の近代において発見されたサイクロイドなどの名高い超越曲線が、こうしてライプニッツの接線法の対象になりました。ライプニッツはどうしてそのようにしなければならなかったのでしょうか。微積分の成立を考えるうえで本質的な論点がここにあります。

ライプニッツの微分計算

図を参照しながらライプニッツが規定した微分の概念を紹介したいと思います(図3-1)。

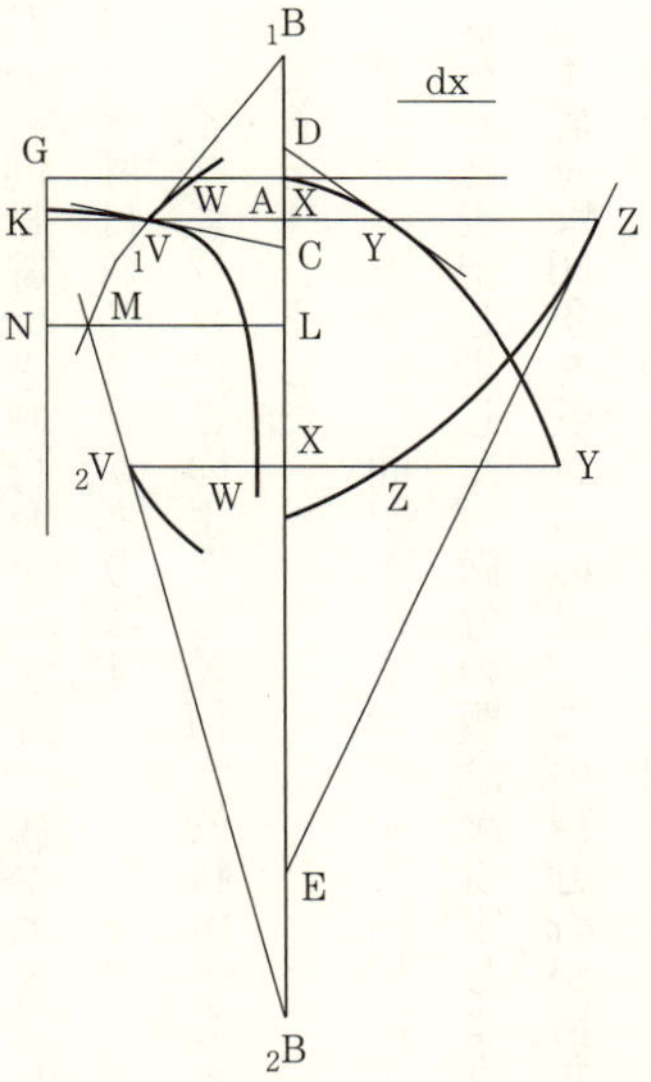

図3-1　ライプニッツの接線法(ライプニッツによる図)

平面上に、軸と呼ばれる一本の直線を引きます(図の中央の縦線)。曲線Γを描き、その上の点Vにおいて接線VBが引かれています(図では複数の曲線とそれぞれの接線が描かれています)。Bは接線と軸との交点を表しています。点Vから軸に向かって垂線を降ろし、その足をXとします。線分VXは曲線

Γの「向軸線」と呼ばれています。線分BXには特別の名前は与えられていませんが、「接線影」と呼ばれることがあります。

ライプニッツはこのような幾何学的状況のもとで、向軸線の長さ v について、「v の微分 dv」の定義を書きました。

ライプニッツは、曲線とはまったく無関係に、あらかじめ何かある線分を用意して、その長さを dx と表記しました。微分の概念を規定しようとするライプニッツの文言を読んで、もっとも不思議な印象を受けるのは、この線分 dx が持ち出される場面です。dx は任意に取られた何らかの線分というのみですから、有限の長さが想定されていると見るほかはありません。ライプニッツはこれを differentia（ディフェレンティア）と呼んでいます。

この言葉には通常、「微分」という訳語が当てられますが、微分というと「無限小量」、すなわち「どのような量よりも小さい量」という意味合いになりますから、ライプニッツの differentia に「微分」という訳語を割り当てるのは心理的な困難が伴います。ライプニッツにしても、話の進展につれて dx はいつしか無限小量になっていきます。ライプニッツの differentia は有限でもあり無限小でもありうる不思議な量なのですが、ここではやはり「微分」という訳語を当てることにしたいと思います。

さて、接線影BXと向軸線VXの比は点Vにおける曲線Γの接線の傾きを表しています。向軸線の長さの微分 dv は、「BXのVXに対する比が dx の dv に対する比に等しい」、すなわち、比例式 $BX : VX = dx : dv$ が成立するという条件により規定されます。これを言い換えると、dv は等式

$$dv = \frac{VX}{BX}dx$$

により定められるということにほかなりません。この定義に使われる諸量はみな有限量ですから、微分 dv もまたおのずと有限量です。

しかし、ライプニッツの念頭にあったのは実際には無限小量でした。無限小辺の両端点間の距離は「常に dv のようなある既知の差分か、それに対する関係、すなわちある既知の接線によって表わされる」と記しており、ここでは微分（「差分」という訳語が採られています）dv は、はっきりと無限小の距離を表す記号として用いられています。

微分計算の規則

曲線の向軸線の微分の定義に続いて、ライプニッツは微分計算の諸規則を書き並べていきました（コラム3-1）。左側がライプニッツの規則で、右側がそれに対応する今日の微積分の公式です。ライプニッツの規則において、微分計算の対象となるのは量であって、aは定量（定数）、u、vは曲線の向軸線の長さです。一方、今日の微積分の対象$f(x)$、$g(x)$は関数です。

表には和の微分と差の微分を別々に書きましたが、等式$d(-u)=-du$もしくは$(-f(x))'=-f'(x)$に着目すると、差の微分は和の微分から導出されることがわかります。商の微分と積の微分については、$w=\frac{u}{v}$と置くと$u=vw$となりますので、積の微分の規則を適用すると$du=wdv+vdw$となり、ここから微分dwの表示式が導かれます。関数の場合には$h(x)=\frac{f(x)}{g(x)}$と置くと$f(x)=h(x)g(x)$となりますので、積の微分の規則を適用して$f'(x)=h'(x)g(x)+h(x)g'(x)$。ここから導関数$h'(x)$の表示式が導出されます。それゆえ、定量もしくは定数関数の微分のほかに実質的に残されるのは和の微分と積の微分の二つの計算規則のみです。

この二つの規則に基づいて、代数的であろうと、超越的であろうと、あらゆる種類の曲線の方程式に対して自由に微分計算を適用し、曲線に接線を引こうというのが、ライプニッツが提

コラム3-1　微分計算の規則

ライプニッツの規則	今日の微積分の公式
(1) 定量の微分	
定量 a に対して $da=0$	定数関数の導関数はいたるところで0
(2) 和と差の微分	
$d(u+v)=du+dv$	$(f(x)+g(x))'=f'(x)+g'(x)$
$d(u-v)=du-dv$	$(f(x)-g(x))'=f'(x)-g'(x)$
(3) 積の微分	
$d(uv)=vdu+udv$	$(f(x)g(x))'=f'(x)g(x)+f(x)g'(x)$
(4) 商の微分	
$d\left(\dfrac{u}{v}\right)=\dfrac{vdu-udv}{v^2}$	$\left(\dfrac{f(x)}{g(x)}\right)'=\dfrac{f'(x)g(x)-f(x)g'(x)}{g(x)^2}$

案した「万能の接線法」です。

ライプニッツは微分の定義に続いてすぐに計算法則を列挙していますが、別段、証明はありませんし、どうしてそのようになるのかという説明もまたありません。微分の定義の出所が「接線を引かれた曲線」の観察であることは明白ですから、ライプニッツはその情景の観察を通じて、接線法の根本原理のようなものをそこから取り出そうとしたのではないかと思います。万能の接線法を与えてくれる普遍的な計算法則を書き下すこと、それ自体がライプニッツの目標だったのでしょう。はじめに向軸線の微分の定義を書いたのは、計算法則の理解を助けるための補助的説明のつもりだったのかもしれません。

放物線に接線を引く

ライプニッツの方法の一例として、放物線上に接線を引いてみたいと思います(図3-2)。等式 $y=x^2$ を放物線を表す方程式と見て、その上の点 $P(a, b)$ で接線を引きます。微分の規則を適用して無限小の世界に移行すると、二つの微分 dx、dy を結ぶ一次式 $dy=d(x^2)=2xdx$ が得られます。これは、点Pにおける接線の極小部分を表しています。もう少し詳しく言うと、接線上の任意の点(X, Y)に対し、比例式$X-a : Y-b = dx : dy$が成立しますから、等式$Y-b=2a(X-a)$が成立します。これが接線の方程式です。$b=a^2$に留意して形を整えると、$Y=2aX-a^2$というきれいな形になります。

今度は今日の微分法により接線を引いてみます。今日の微分法では、xを変数と見て、xの関数$f(x)=x^2$を考えます。この関数のグラフ、すなわち(x, y)平面上の点$(x, y)=(x, x^2)$は放物線を描きますが、これを$y=f(x)$すなわち$y=x^2$と略記するのが今日の習慣になっています。関数$f(x)$の導関数は$f'(x)=2x$となります。この関数の$x=a$における値$2a$は点Pにおける放物線の接線の傾きを表していますから、接線の方程式は$y-f(a)=2a(x-a)$となります。計算を進めると$y=2ax-a^2$となり、ライプニッツの方法により得られたものと同じ方程式が帰結します。

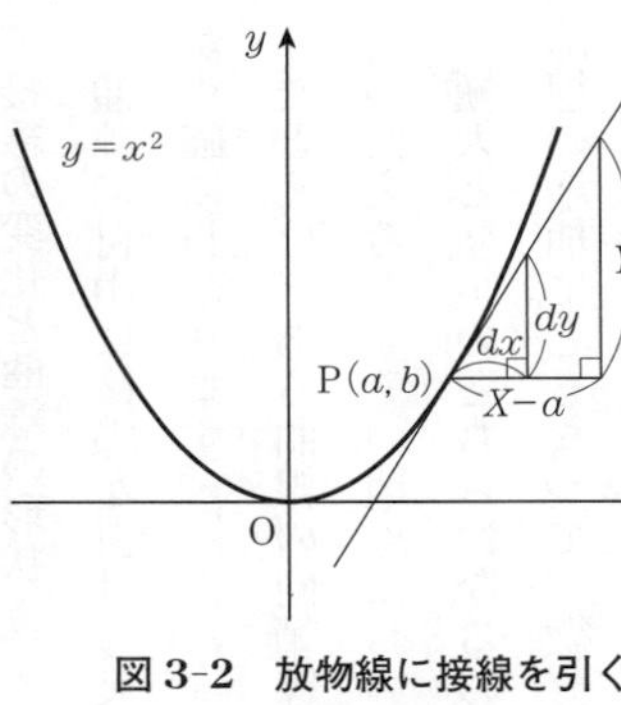

図3-2　放物線に接線を引く

接線の変化と曲線の形状

曲線に自由に接線が引けるようになれば、すでにデカルトが表明していたように、曲線の形が正確にわかります。

たとえば、ある曲線の向軸線が極大もしくは極小になる地点では、その微分は0になります。言い換えると、その地点において接線は軸と平行になります。

極大と極小のどちらになるのかの判別は、微分の大きさの変化の様子を見て行われます。切除線の増加にともなって、微分がある地点まで正の状態を保ちつつ減少を続け、ある地点において0となり、その地点をすぎると今度は負の状態を保ちつつさらに減少を続けるなら、向軸線はその地点において極大になります。曲線の極大点がこうして判明します。極小点についても同様です。

曲線の曲がり具合が変化して凹凸が入れ替わる地点を変曲点といいますが、変曲点では、微分の微分、すなわち二階微分は0になります。

フェルマの極大極小問題

ここで、フェルマが取り上げた極大極小問題の一つを紹介したいと思います。線分ACが与えられたとして、その途中に点Bを取り、ABを一辺とする正方形の面積と線分BCとの積$AB^2 \times BC$を作るとき、この積が最大になるようにするには点Bをどこに取ればよいか、という問題です(コラム3-2)。

既知量にも未知量にも名前をつけるというのが、幾何の作図問題におけるデカルトの流儀でした。フェルマも同様に、既知量ACをb、未知量ABをaと名づけました。このとき、求める積は$a^2(b-a)=a^2b-a^3$と書き表されます。

今日の微積分なら、ためらうことなくaの関数$\varphi(a)=a^2b-a^3$の極値問題と見ます。一方、フェルマは独特の工夫を凝らしました。どちらも同じ答を与えます。作図問題に立ち返ると、線分ACを二点B_1、B_2において三等分するとき、Cに近いほうの点B_2において$AB^2 \times BC$は最大になります。

フェルマの方法では、補助的に導入された量eは、当初は任意の量だったのですが、途中で非常に小さい量とみなされています。計算のプロセスは明瞭で、確固とした道筋が示されています。フェルマは確かに何事かを発見したのですが、はたして本当にこれでいいのだろうかと

コラム 3-2　フェルマによる極大極小問題の解法

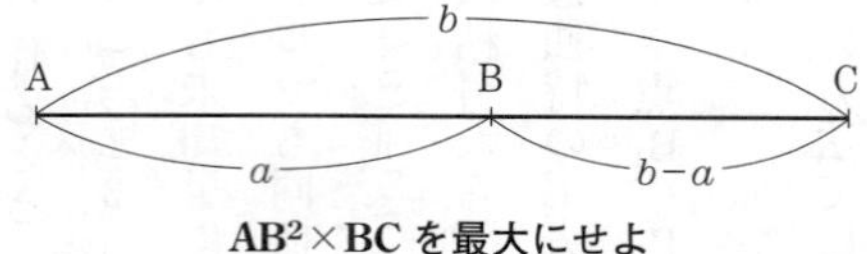

AB^2×BC を最大にせよ

今日の流儀を借りて，求める積を関数として表すと，

$$\varphi(a) = a^2b - a^3.$$

フェルマは，e は任意の定量として，$\varphi(a+e)$ と $\varphi(a)$ の差を計算します．

$$\varphi(a+e) - \varphi(a) = (2b-3a)ae + (b-3a)e^2 - e^3.$$

次に，この等式を 0 と等置して，そののちに e で割ると，

$$(2b-3a)a + (b-3a)e - e^2 = 0.$$

さらに，$e=0$ と置くと，$a(2b-3a)=0$．したがって $a=\frac{2b}{3}$．

今日の微積分では，$\varphi(a)$ を微分して，導関数 $\varphi'(a)=2ab-3a^2=a(2b-3a)$ が得られます．この導関数は $a=\frac{2b}{3}$ で 0 となり，この点を境にして増大から減少に向かいますから，元の関数 $\varphi(a)$ は $a=\frac{2b}{3}$ において最大になることがわかります．

いう不可解な印象が残るのは否めません。

この方法は、第1章で触れたフェルマの接線法とそっくりです。フェルマの接線法と極大極小問題の解法はまだ微分計算とは言えませんが、ライプニッツの方法ととてもよく似ています。それで気に掛かるのはフェルマとライプニッツの関係です。ライプニッツがフェルマの「極大と極小を探究する方法」を知っていたのはまちがいありません。実際、ライプニッツの第二論文に、「普通の幾何学の線(というのも超越的なものは排除したから)を方程式によって表示する方法を示したデカルト」とともに、「極大極小法を発見したフェルマ」と、フェルマを讃える言葉が書き留められています。

クザーヌス

ライプニッツは、曲線を無限小の辺をもつ無限多角形と見て接線法を確立しました。この不思議な見方に影響を及ぼしたニコラウス・クザーヌスを紹介します。

クザーヌスは一四〇一年、ドイツのモーゼル河のほとりのクースという町に生れました。父は裕福な船主でした。クースをラテン語で表記するとクザーヌスとなります。

一四一六年、ハイデルベルク大学に学籍登録。一四一七年、イタリアのパドヴァ大学に入学。一四二三年、教会法博士になりました。この時代の青年の大望は法律を学ぶことにあったようで、ボローニア大学なども有名な法律学校でした。ローマを訪問し、翌年、故郷のクースにもどり、聖職に就きました。著作の中には『幾何学的変形について』『円の求積法について』『数学論文補足』『数学的完全性について』などがあり、数学を重んじていた様子がうかがわれます。

『学識ある無知について』という本は、神学と数学についての不思議な言葉に満ちています。たとえば第十二章には、「敬虔この上ないアンセルムスは、最大の真理を無限の「直」になぞらえている」(山田桂三訳)という言葉があります。「無限の「直」」とは「真っ直ぐな図形」のことで、直線で表されます。さらに、「他の優れた人たちも、祝福された聖三位一体を三つの等しい直角を持つ三角形に比している」と続きます。「三つの等しい直角を持つ三角形」は有限の世界にはありえません。そこでクザーヌスは、そのような三角形を「無限の三角形」と名づけることができるであろうと言明します。『学識ある無知について』の訳者の註によれば、「他の優れた人たち」とはクセノクラテスや後期プラトン学派を指しているということです。ただし、これも訳註の続きですが、それらの人たちは神性や聖三位一体を「等辺三角形」に比したのであり、「等辺直角三角形」に比したのはクザーヌスだけでした。「無限の一者を図形で表現しようと努力した人たち」は「神は無限の円である」と言っていると、クザーヌスは書いています。また、「神の最も現実的な在り方を考察した人たち」は、神は「無限の球」であると主張したのだそうです。訳註によると、神を「無限の円」になぞらえたのはゾイゼ、「無限の球」を唱えたのはヘルメス・トリスメギストス、ボナヴェントゥラ、エックハルトです。

クザーヌスの見るところ、無限直角三角形と無限円と無限球の見方は実は同一です。第十四章「無限な線は三角形であること」、第十五章「この三角形は円であり、球であること」、第十六章「最大な線とその他の線との関係は、最大者と万物との関係にどのように転釈されるか」と続きます。

第十八章「われわれは、どのようにしてかの原理に導かれ、存在性の分有を認識するに至るか」では、「一なる最大者をこのように分有することをもっと明瞭に直観するにはどうすればいいかというこの問題を、熱心に探究する」と宣言して、「無限な線の「直」」に範例を求めます。

曲がったものは真っ直ぐなものより派生したものであるから、それ自身としては何か或るものではない。

大きな円の周のように、湾曲の度が少ないほど、それだけ多く「直」を分有している。曲線は「直」をなかだちにして無限の線を分有するのであるから、単純・直接にではなく、媒介的・間接的に分有するのである。

このような言葉がどこまでも果てしなく繰り返されています。『学識ある無知について』の第二部、第二章「被造物の有は認識されえない仕方で始元者の有に由来すること」に、次のように書かれています。

無限の線とは無限の直線であり、全ての線的存在の原因であるのに対して、曲線は線という点では無限の線に由来するが、湾曲という点に関して言えば、無限の線によるのではない。湾曲性は有限性に基づく。すなわち、曲線は最大の線でないから湾曲しているのである。

どことなく「曲線は無限小辺無限多角形である」と語られているかのようで、心を惹かれます。

クザーヌスは、サイクロイドに着目した一番最初期の人でもありました。

ライプニッツとクザーヌス

数学は論理的に構築される学問ですが、論理展開の第一歩がまさに踏み出されようとする瞬間に、歩み行くべき方向を定めてくれる力の正体はどのようなものなのでしょうか。

微分法の泉になったのは「曲線に接線を引きたいと思う心」でした。デカルト、フェルマ、ライプニッツと、三者三様の接線法が現れました。接線を引くには「曲線とは何か」「接線とは何か」と問わなければなりませんし、どのように答えるかに応じて接線法の姿が変ります。唯一の普遍的な答があるわけではなく、ライプニッツの場合にはクザーヌスの神秘思想の影響が感知されます。数学の論理体系の根底には論理を越えた土壌が広がっています。

求積線

遥かに崇高な幾何学

ライプニッツは自分が創造した「万能の接線法」に自信があったようで、いかにも複雑そうに見える接線法の問題をいくつか挙げた後に、

われわれの方法は、このようなすべての場合ばかりか、それより遥かに複雑な場合にも、世の想像を遥かに越え、ほとんど無類の簡潔さを持っている。

と言っています。それからまた言葉を続け、

しかも、これらのことは、それらより遥かに崇高な或る幾何学の出発点にすぎず、この幾

何学は各混合数学〔応用数学のこと〕の最も困難で最も美しいすべての問題にも及ぶもので、私達の差分算〔「微分算」と同じです〕ないしそれに類するものなしには、誰も上述のような容易さをもってこの種の問題を無謀に扱うことはできないであろう。

と言い添えました。「それらより遥かに崇高な或る幾何学」とは、逆接線法を指します。逆接線法とは、曲線の接線を微分計算で求めたのとは逆に、接線から曲線を求める方法といえます。今日の積分法がこうして誕生しました。

ドゥボーヌの問題

ライプニッツは、先に紹介した第一論文の末尾で、逆接線法の問題「ドゥボーヌの問題」を取り上げて解法を示しています。ドゥボーヌはデカルトより少し若いフランスの数学者で、デカルトの友人でした。ドゥボーヌはデカルトに対して、

軸に向かって接線WCを引くとき、XCは常に定量aの線分と等しいという性質をもつ曲

線WWを見出すこと

という問題を提示しました。前に使った用語でいうと、接線影がつねに一定量aであるような曲線を求めることを要求しています。デカルトはドゥボーヌに宛てて長文の手紙を書き、解答を試みたのですが、成功しませんでした。ライプニッツはこの難問を取り上げて解決し、答は対数曲線であることを示しました。接線に関する条件が課されているのですから、逆接線法の適用例です。

求積法

求積法とは、曲線で囲まれた領域の面積を求めたり、曲線の弧長を算出したりする方法のことで、今日の定積分に相当します。デカルトは求積法を語りません。面積については関心を抱いているかのように読めるわずかな言葉が見られますが、弧長の算出については否定的な態度を示し、直線と曲線との間の比は知られていないばかりでなく、私の信ずるところでは、人間には知りえないものであって、そこから精密で確実なものは何一つ結論しえない。

と明言しています。

これに対し、ライプニッツは求積法に深い関心を示しました。デカルトとライプニッツを分ける一線が、ここにくっきりと現れています。

逆接線法と求積線

円の面積に例を求めたいと思います。今日の流儀を借用して、(x, y)平面上に原点を中心とする単位円 $x^2+y^2=1$ を描きます。この円の x 軸の上側にある部分Dは、関数 $y=f(x)=\sqrt{1-x^2}$ のグラフとして認識されます。区間$(-1, 1)$を無限小の長さdxをもつ小区間に区分けして、底辺がdxで高さが$f(x)$の長方形を作ります。その面積は$\sqrt{1-x^2}\,dx$で、これを面素と呼びます。底辺の幅が無限小である以上、面素もまた無限小です。x軸上の区間$(-1, 1)$の上に、この面素がくまなく分布している状況が念頭に浮かびます。それらをことごとくみな寄せ集め

れば、そんなことができたらのことですが、半円Dの面積が獲得されるような気がします。ここで面素をdSと置いて等式

$$dS = \sqrt{1-x^2}\,dx$$

を書くと、目に映じる光景が一変します。少なくともライプニッツの目にはそうだったろうと思われます。この等式の背後に見えるのは、Sとxの関係式、すなわち何かある曲線を表す方程式です。ライプニッツの目には、等式の奥深くに曲線の姿が見えたのでしょう。その曲線を指して、ライプニッツは求積線と呼びました。

一般に曲線に接線を引く方法を教えるのは微分計算でした。それなら、微分計算の歩みと逆の方向に歩みを運べば、曲線の全容が浮かび上がってくるように思われます。ライプニッツはその道筋を逆接線法と名づけました。

こうして求積法は逆接線法の一つの適用例になりました。ライプニッツはこう言っています。

不定求積やその不可能性を調べる方法は、私にとっては、私が逆接線法と呼ぶより大きな

問題の特殊な(それも簡単な)場合でしかない。

今日の微積分でライプニッツの求積線に対応するものは、原始関数です。今日の微分法では、定積分の値を原始関数の値の差として求めることを保証するのは「微分積分学の基本定理」ですが、ライプニッツの計算法にはその原型が示されています。

オイラーの積分計算

これまで語ったように、ライプニッツは曲線の世界に身を置いて、逆接線法を適用して求積法を確立しました。次の世代のオイラーは、曲線の世界から離れて「変化量の世界」に移り、有限変化量と無限小変化量の間を行き来する道を定めました。有限変化量、すなわちつねに有限値を取る変化量 x に対し、その微分と呼ばれる無限小変化量 dx を作る方法を教えるのが微分計算で、逆に無限小変化量に対し、それを生成する有限変化量を探索する方法を教えるのが積分計算です。

今、$f(x)$ は x の関数として、微分 $f(x)dx$ を考えるとき、この微分の積分とは、等式 $dy=$

$f(x)dx$ を満たす変化量 y、すなわち「その微分が $f(x)dx$ になるような変化量」のことです。

オイラーは微分 $f(x)dx$ の積分を

$$y=\int f(x)dx$$

という記号で表しました。

先に例示した円の求積の場合であれば、微分式 $f(x)dx$ の積分は

$$\int\sqrt{1-x^2}\,dx=\frac{1}{2}\left(\sin^{-1}x+x\sqrt{1-x^2}\right)$$

となります。計算の結果は今日の微積分でいう関数 $f(x)=\sqrt{1-x^2}$ の不定積分と同じであり、これを関数 $f(x)=\sqrt{1-x^2}$ の原始関数と見ることもできます。

しかし、オイラーが語るのはあくまでも「微分 $\sqrt{1-x^2}\,dx$ の積分」です。オイラーは数学に関数概念を導入した当の本人ですが、積分の対象は関数ではなく、どこまでも「微分の積分」が考えられていました。微積分が「曲線の世界」から「関数の微積分の世界」へと移り行く途上に現れたのが、オイラーの創造した「変化量の微積分の世界」でした。

超越曲線への関心

ライプニッツは、先に紹介した第二論文において、「超越的な量の源泉」の解明ということを語っています。ライプニッツが超越曲線に関心を寄せたもっとも根源的な理由は、求積法に求められるように思います。

ライプニッツは求積法を逆接線法の一角に組み込むことによって計算法を確立しましたが、その際に出現する求積曲線はたちまち超越曲線になってしまいます。超越的な量の解明が問題になるのはそのためで、ライプニッツ自身、

　　ある種の問題は平面的でも立体的でも超立体的でも、その他、どのような一定の次数を持つものでもなく、あらゆる代数方程式を超越するのはなぜかを説明しておきたい。

と明言しています。この説明を通じて、「円と双曲線の代数的な求積線は存在しえないことを計算なしに証明しうる方法も示しておこう」というのです。「この種の問題を作図するのにな

くてはならない線」を「幾何学に受け入れることがどうしても必要」なのだというのがライプニッツの所見であり、その新たな線はデカルトが規定した幾何学的曲線の範疇を越えています。幾何学に受け入れるべき曲線の世界が、こうして拡大されました。

先ほど紹介した円の求積線は超越曲線でした。また、双曲線 $y=\dfrac{1}{x}$ $(x>0)$ の求積線は

$$y=\int\frac{dx}{x}=\log x+C$$

で与えられます（Cは定数）。これは対数曲線で、やはり超越曲線です。

ライプニッツの言葉は続き、これらの曲線はサイクロイドなどと同様に、「正確に、連続的な運動によって描かれうるのであるから、機械的な線ではなく、まさしく幾何学的な線と考えられるべきである」とのこと。しかも、有用性ということを考えると、「通常の幾何学の線（直線と円は別として）を遥かにひき離し、また完全に幾何学的な証明を入れうる、極めて重要な性質を持っているのであるから、なおさらのことである」というのです。

ライプニッツの批判はデカルトに向かい、

これらの線を幾何学から排除したデカルトの落度は、立体軌跡や線形軌跡をあまり幾何学的でないとして排除した古代人の落度より小とはしない。

と指摘しました。

曲線の世界

接線法と極大極小問題と求積法は、課されている課題の性質を見るとまったく別個の問題なのですが、曲線の世界という共通の場に移るとたちまち融合し、極大極小問題も求積法も接線法の変奏曲のように目に映じます。極大極小問題は曲線の世界では接線法そのものですし、求積法は逆接線法の適用例として諒解されます。曲線の理論こそ、ライプニッツの第二論文の表題の「深い場所に秘められた幾何学」なのでした。

ライプニッツの逆接線法には、接線法と極大極小問題を同じ手法で取り扱ったフェルマとドウボーヌの問題の影が色濃く射しています。

第4章　曲線から関数へ——ベルヌーイ兄弟とオイラー

ライプニッツは神秘感のただよう深遠な言葉を並べて微積分のアイデアを語りましたが、具体的な内容は豊富とは言えませんでした。ベルヌーイ兄弟（兄のヤコブと弟のヨハン）はライプニッツの二論文に強い関心を寄せ、長い年月にわたってライプニッツと往復書簡を交わしました。この往復書簡こそ、微積分の真の揺籃です。それを継承したオイラーは、ニュートンの力学の解明に指針を求め、微積分を大きく発展させていきました。

接線法の確立

ベルヌーイ兄弟

ベルヌーイ兄弟はスイスのバーゼルに生まれました。兄のヤコブは一六五四年十二月二十七日生れ、弟のヨハンは一六六七年七月二十七日生れですから、十二年をこえる年の差のある兄弟でした。

ヤコブはバーゼル大学で神学を学びましたが、独自に数学と天文学の勉強を続けました。一六七六年に卒業してジュネーブで教師になり、それからパリでデカルトの学問を継承する人たちと交際して二年をすごし、オランダに移って数学者フッデに会い、それからまたイギリスに渡ってロバート・ボイル（ボイルの法則などで知られる物理学者・化学者）とロバート・フック（フックの法則で知られる物理学者・天文学者）に会いました。一六八三年、バーゼルにもどり、一六八七年にバーゼル大学の教授に就任しました。

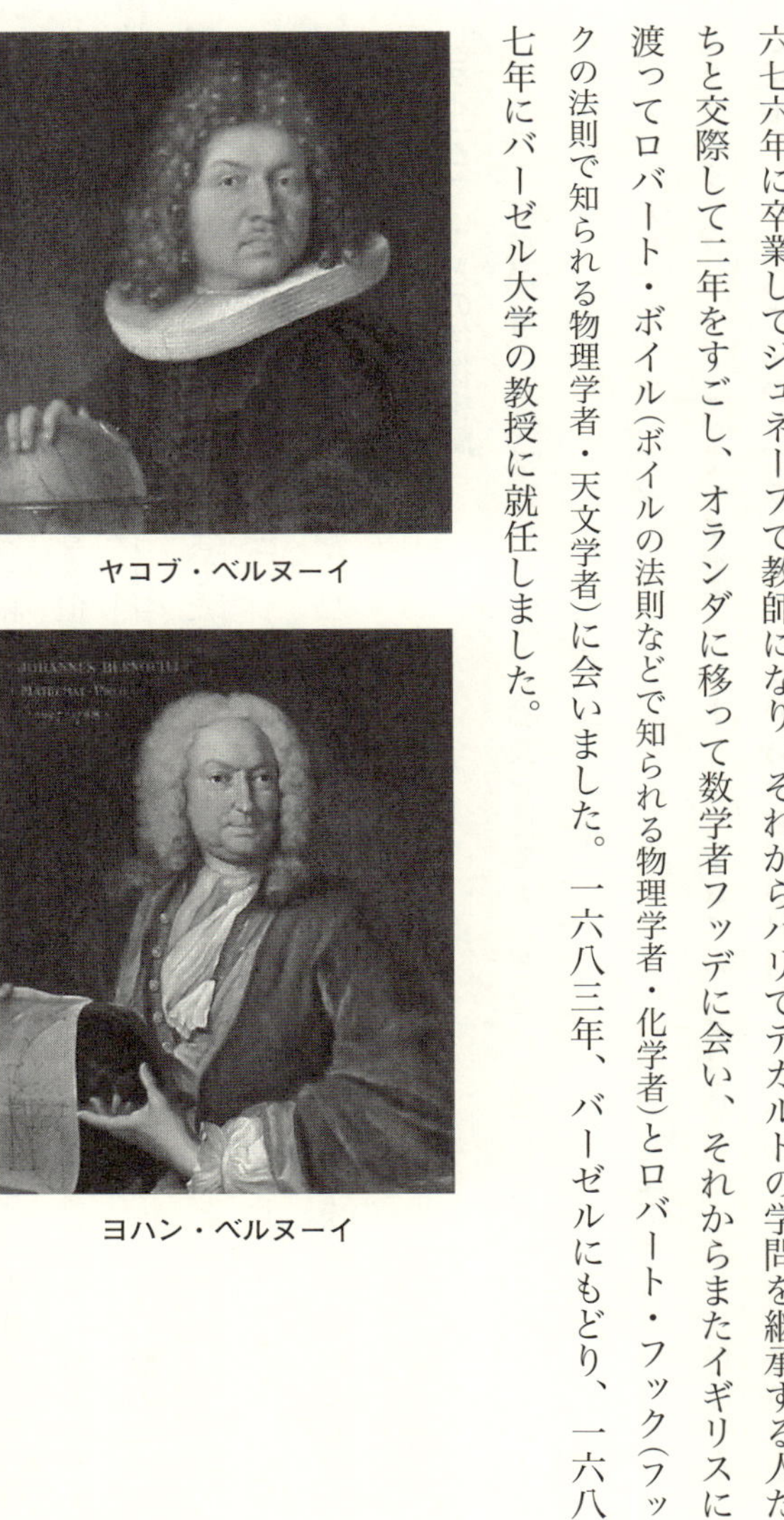

ヤコブ・ベルヌーイ

ヨハン・ベルヌーイ

一六八四年にライプニッツの第一論文が『学術論叢』に掲載されたとき、二十九歳のヤコブはバーゼル大学で力学の講義などを担当していました。ヨハンは十七歳で、前年にバーゼル大学に入学したばかりでした。医学を学ぶようにと父に言われていたものの、数学の魅力には勝てず、兄の個人授業を受けていました。

なお、ベルヌーイ家には、ヤコブとヨハンの兄弟のほかに、ヨハンの子ニコラウス(一六九五―一七二六)、ダニエル(一七〇〇―八二)など、幾人もの優秀な数学者が相次いで現れました。

ライプニッツとの往復書簡

ベルヌーイ兄弟は、ライプニッツの第一論文を見てよほど強い衝撃を受けたようで、ヨハンは「エニグマ(大きな謎)」という言葉を残しています。

兄弟は二人してライプニッツの二論文の解明に取り組みましたが、謎は深まるばかりだったようで、ライプニッツに宛てて手紙を書きました。ヤコブの一番はじめの手紙の日付は一六八七年十二月十五日ですから、ライプニッツの第二論文が出版されてから一年五か月後のことになります。このときヤコブは満三十二歳。これを皮切りに、長い期間にわたってベルヌーイ兄弟とライプニッツの間で往復書簡が交わされました。これらの手紙は『ライプニッツ数学作品集』に収録されていますが、ことごとくラテン語で書かれていて、微分積分の記号が充満しています。

ライプニッツからの返信はなかなか届きませんでした。ライプニッツはおりしもこの年の十一月に大旅行に出たために、手紙を受け取るのが遅れたのです。翌一六八八年までドイツの中南部に滞在し、それからウィーン、イタリアを経て、一六九〇年六月にようやくハノーファーにもどり、同年九月二十四日付で長文の返書を書きました。ヤコブはこれに返信しましたが、日付は一六九五年十月九日です。

ひんぱんに交信が交わされたとは必ずしも言えませんが、文通は途切れることなく続き、計二十一通の書簡が交わされました。最後の第二十一書簡はヤコブからライプニッツに宛てた手紙で、日付は一七〇五年六月三日です。それから少しして八月十六日に、ヤコブは亡くなりました。

ヨハンからライプニッツへの最初の手紙は一六九三年十二月二十日付でした。この時点でヨハンは満二十六歳です。翌年三月二十一日付でライプニッツから返信があり、ヨハンは同年五月九日付でまた手紙を書きました。ヨハンとライプニッツの文通は非常にひんぱんで、『ライプニッツ数学作品集』第三巻(ゲルハルト編、一八五五年)には二百七十五通もの書簡が収録されています。ヨハンの最後の手紙の日付は一七一六年十一月十一日ですが、ライプニッツは三日後の十四日に亡くなりましたので、これを見ることはできなかったでしょう。

ロピタル侯爵

一六九一年、ヨハン・ベルヌーイはジュネーブに移り、さらに足をのばしてパリに向かいました。パリにはデカルトの思想を継承したというマルブランシュが主宰するサロンがあり、ヨハンはここで学問を愛する人たちのためにライプニッツの微積分の話をしました。聴講した人の中にロピタル侯爵がいて、よほど感銘を受けたようで、特別講義を依頼してきました。ヨハンはこの申し出を受け、一六九一年の末から翌年七月にかけて、パリ郊外のウークにあるロピタルの別荘で、ロピタルのために微分法と積分法の講義を行いました。一六九六年、ロピタルはヨハンの講義を再現して、『曲線の理解のための無限小解析』という著作を出版しました。数学史に最初に現れた微積分のテキストです。積分法の講義も出版する考えだったのですが、これは実現にいたりませんでした。

今日の微積分のテキストには、ロピタルの名を冠する「ロピタルの定理」があります。「不定形の極限値」を求める際に利用される定理です。不定形の極限というのは、分数関数の極限を求める際に、分母と分子の極限を別々に求めると$\frac{0}{0}$や$\frac{\infty}{\infty}$という形になってしまう場合のことで、ロピタルの定理を適用すると、そのような極限値が求められることもあります。その定理の原型がロピタルの本に記載されています。ヨハンに教わった定理ですので、本来は「ヨハン・ベルヌーイの定理」です。

ロピタルを相手にしてヨハンの講義が行われたころは、ヨハンとライプニッツとの文通はまだ始まっていなかったのですから、ヨハンはもっぱら兄のヤコブと二人で研究を重ねてひと通りのことを理解したのでしょう。ヨハンはその時期の微積分をパリで講義し、その講義の記録がほぼそのままロピタルの著作なのですから、そこには微積分のもっとも原初的な姿が映されていると言えそうです。「曲線の理解のための」という、書名に冠された形容句が、この学問の本来の姿をありのままに物語っています。

逆接線法を自家薬籠中に

第3章で紹介したライプニッツの逆接線法の原型は、ドゥボーヌの問題です。ヨハン・ベルヌーイがロピタルのために行った積分法の講義録には、多種多様な逆接線問題が取り上げられています。ヨハンは数年の間にライプニッツの逆接線法を自家薬籠中のものにしました。ヨハンの講義録から簡単な一例を、ここに引いてみたいと思います。それは、

「向軸線ＢＤが、与えられた線分Ｅと接線影ＣＤとの間の比例中項になる」という性質を備えた曲線を求めよ。

という問題です。ＢＤがＥと接線影ＣＤとの間の比例中項になるというのは、比例式ＣＤ：ＢＤ＝ＢＤ：Ｅが成立するということを意味します。コラム4-1に示す計算の結果、方程式の形を見ると放物線であることがわかります。定量Cは任意ですから、無数の放物線が描かれますが、どのひとつもここで課された要請に応えています。

コラム 4-1　ヨハン・ベルヌーイによる逆接線法の適用例

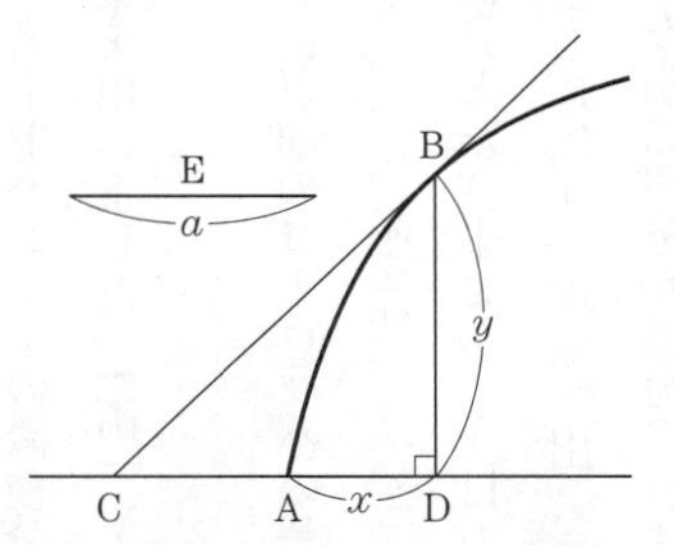

CD : BD＝BD : E が成り立つ曲線を求めよ

切除線 AD と向軸線 BD をそれぞれ x, y と表記し，与えられた線分 E の長さを a で表すと，上記の比例式は $\mathrm{CD}:y=y:a$ となります．これより，$\mathrm{CD}=\dfrac{y^2}{a}$．他方，接線影 CD と向軸線 BD との比は接線の傾きに等しいので，$\dfrac{y^2}{a}:y=dx:dy$．これより，二つの微分 dx, dy の間の関係式 $ydy=adx$ が得られます．この微分方程式は，求める曲線の各点における接線の情報を与えています．積分 $\int ydy=\int adx$ によって，曲線の方程式

$$\frac{1}{2}y^2 = ax+C \quad (C\text{ は定量})$$

が得られます．

微分計算と微分法

今日の微積分という言葉は「微分と積分」、すなわち「微分法と積分法」の略称ですが、この流儀はコーシーに由来します(第7章参照)。明治初年に関口開(せきぐちひらき)(石川県加賀の数学者)がイギリスの数学者トドハンターの微積分のテキストを日本語に訳出したとき、「微分術」「積分術」という言葉を用いました。「術」や「法」という言葉は和算の用語を流用したのではないかと思います。

コーシー以前のヨーロッパの語法を振り返ると、ライプニッツは「微分計算(calculus differentialis)」という用語を使っていましたが、これに対応する「積分計算(calculus integralis)」という言葉は見あたりません。今日の積分法に該当するライプニッツの用語は「逆接線法」ですが、逆接線法を適用する現場で出会うのは「微分の積分」で、コラム4-1の計算例では等式 $ydy=adx$ の左右の微分が積分されました。ライプニッツは「積分」ではなく単に「summa 和」という言葉を用いました。この流儀に沿うと、「積分法」に相当するのは「求和法」です。

ヨハン・ベルヌーイはどうしたかというと、「微分計算」の一語はライプニッツを踏襲しましたが、積分法については「積分計算」という言葉を使いました。

「求積法」という言葉でしたらライプニッツも使用していましたが、ライプニッツの世界では求積法は逆接線法に包摂されるのでした。

「微分を積分する」という語法はヨハン・ベルヌーイに由来します。一六九四年九月二日付で書かれたヨハンのライプニッツ宛書簡を見ると、「積分されるべき微分」という文言に目が留まりますが、ここにはっきりと「微分の積分」という語法が現れています。これに対応して、ヨハン・ベルヌーイは「積分計算」という言葉を使いました。

微分計算と積分計算を合わせて analysin infinitorum（無限の解析）と総称する流儀もあります。オイラーの「解析学三部作」の第一作『無限解析序説』（一七四八年）に、この言葉が見られます。

最短降下線

ライプニッツの微積分により、デカルトに始まる曲線の理論の到達点が示されました。「曲線を知りたい」という念願が達成されて、一つの数学史が完結したということにほかなりません。ところが、この十七世紀の曲線の理論には、接線法や逆接線法や求積法のほかにもう一つ、力学的色彩を帯びた理論の芽が芽生えています。それは最短降下線の問題です。

最短降下線の問題とは、「物体（点状とみなされる）が重力の作用で曲線に沿って降下するとき、時間が最短となる曲線は何か」という意味です。最短時間で落ちるというのは最速で落ちることと同じですから、「最速降下線」と呼ぶ流儀も広く流布していますが、物体にエンジンがついていて自発的に動くわけではなく、問題の主体性は曲線のほうにあります。答は第1章で紹介したサイクロイドです。

ヨハン自身はこの答を手にしていましたが、一六九六年六月、翌年の復活祭（春分の後の満月の直後の日曜日）を期限として、この問題をヨーロッパの数学者たちに向けて提出しました。これに対し、ロピタル侯爵、チルンハウス、ニュートン、ヤコブ・ベルヌーイ、ライプニッツの五人から解答が寄せられました。当時、ニュートンは造幣局に勤務しており、帰宅後、問題を見てたちまち解いてしまったということです。匿名で解答を送付したのですが、それを見たヨハンはすぐにニュートンと気づき、「ライオンは爪を見ただけでライオンとわかる」とつぶやいたという、有名なエピソードが伝えられています。

曲線の関数——変分法

最短降下線を求める問題では、曲線をさまざまに変化させると到達時間もまた変化します。その到達時間に最小値(極値)を与える曲線を求めることが課せられているのですが、まるで曲線そのものが変化量であるかのような光景で、到達時間は「変化する曲線に対応して変化する変化量」のように目に映じます。

関数という言葉を使えば、「曲線の関数」という言い方も可能です。オイラーはそのような関数の極値問題を考察する一般的な手法を提案し、解析学の新たな領域を開きました。オイラー自身はこれを変分計算と呼びましたが、今日の数学では変分法と呼ばれています。

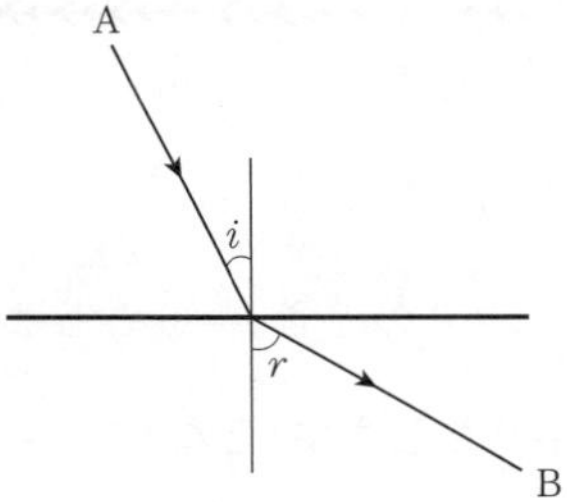

図4-1　光の屈折についてのスネルの法則
$\sin i / \sin r$ はそれぞれの媒体の屈折率の比の逆数に等しく，したがってそれぞれの媒体における光の速度の比に等しい．

変分法を誘う契機は最短降下線のほかにもいくつか存在します。古代ギリシアにさかのぼる伝承をもつ等周問題(平面上で一定の長さの線分で囲まれる領域のうち、面積が最大になる領域の形を定める問題。答は円です)はその一つです。また、幾何光学に「光は最短時間を選んで進んでいく」という「フェルマの原理」があります。幾何光学のスネルの法則(図4-1、

他方，ニュートンの運動の法則から，

$$\frac{d^2x}{dt^2} = g \quad (g \text{ は重力定数}).$$

これより，順次，$\frac{dx}{dt}=v=gt$（$t=0$ のとき $v=0$ とします），$x=\frac{1}{2}gt^2$（$t=0$ のとき $x=0$ とします）となり，$v=\sqrt{2gx}$ が導かれます．

以上より，求める最短降下線がみたす微分方程式

$$\frac{dy}{dx} = \sqrt{\frac{x}{c-x}} \qquad \left(c=\frac{a^2}{2g}\right)$$

が得られます．$x=c\sin^2 u$ と置いて積分し，

$$y = \frac{c}{2}(2u-\sin 2u).$$

さらに $2u=\theta$ と置くと，

$$x = \frac{c}{2}(1-\cos\theta), \qquad y=\frac{c}{2}(\theta-\sin\theta).$$

これはパラメータ θ を用いるサイクロイドの表示式です．

（吉江琢兒の論説「解析学概説（承前）」による．「考へ方研究社」の数学誌『高数研究』第3巻，第1号，1938年所収）

コラム4-2　ヨハン・ベルヌーイによる最短降下線の解法

異なる高さに二定点A, Bがあるとき，質点が最短時間で落ちるにはどのような曲線に沿って落ちればよいかという問題を考えます．

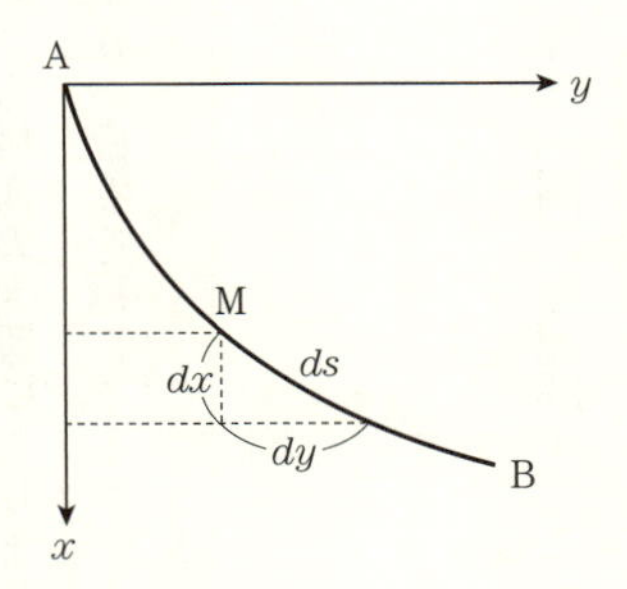

フェルマの原理により，光線は媒体の中を最短時間の径路に沿って進みます．AからBにいたる媒体の屈折率を，落下の速さに逆比例するようにしておくという状況を想定すると，スネルの法則により，光が描く曲線は最短降下線にほかなりません．この場合，$\sin r=\dfrac{dy}{ds}$（dsは線素，$ds^2=dx^2+dy^2$）が落下の速さ$v=\dfrac{dx}{dt}$に比例します．すなわち

$$\frac{dy}{ds}=\frac{v}{a}\quad (a\text{ は定数}).$$

スネルはオランダの数学者）は、フェルマの原理から導かれます。ヨハン・ベルヌーイによる最短降下線の解法では、フェルマの原理が一役買っています（コラム4-2）。

「曲線の関数」ということを考えるとき、「変化する曲線」という事象を把握することが、思索を深めていくうえでの最大の困難になります。オイラーは関数の概念を導入してこの困難を解消し、今日の変分法の礎石を据えました。

関数のアイデア

関数の導入

今日の微積分の目標は「関数を理解すること」であり、ロピタルの著作の書名に見られるような「曲線を理解するための理論」とはもう言えません。曲線の理論と無関係というわけではありませんが、接線法や求積法は微積分の主題ではなく、関数の理論の適用例として取扱われています。

微積分の世界で何事かが起り、様相が一変したのですが、関数概念を導入したのはオイラーですので、関数を導入した理由をオイラーに聞いてみたいと思います。

オイラー

レオンハルト・オイラーは一七〇七年四月十五日にスイスのバーゼルで生れました。次の世代のガウスとともに西欧近代の数学の根幹を作った人物で、真に偉大な数学者です。

オイラーの父はバーゼル大学で神学を学びましたが、数学が好きだったようで、ヤコブ・ベルヌーイの講義にも出席していたということです。オイラーは父から初歩的な数学を教わることもありました。一七二〇年、十三歳のオイラーはバーゼル大学に入学し神学を学ぶことになりましたが、数学に惹かれる心をおさえることができず、ヨハン・ベルヌーイから個人的にレッスンを受けました。大学で講義を聴くのではなく、平日はひとりで学び、週末になるとヨハンを訪ねるというふうでした。在学中、ヴァリニョン、デカルト、ニュートン、ガリレオ、ヴァン・スクーテン、ヤコブ・ベルヌーイ、エルマン、テーラー、ウォリスなどの著作を読みました。

卒業の年の一七二六年、オイラーは論文「抵抗のある媒体内の等時曲線の作図」を執筆しました。たった三頁のノートですが、これが、生涯で優に八百篇を超える論文の嚆矢です。翌年には「代数的な弾道を見つける方法」という論文を書きましたが、二篇とも変分法に取材した論文で、ヨハン・ベルヌーイの影響が感じられます。

一七二六年七月、ロシアのペテルブルク科学アカデミーに招かれていたニコラウス・ベルヌーイ（ヨハンの子）が死去し、オイラーが後を継ぐことになりました。ペテルブルクの科学アカデミーは、一七二五年、女帝エカテリーナ一世により創設されたばかりですが、クリスチアン・ゴールドバッハという数学者がいて、オイラーはゴールドバッハと語り合う中で数論に関心を寄せるようになりました。

オイラー

オイラーは一七三八年ころから目をわずらい始め、やがて片目の視力を失いましたが、数学を思索する力は衰えず、二度にわたってパリの科学アカデミーのグランプリを受けるなど次第に名声が高まりました。そうして、プロシアのフリードリヒ二世の招聘を受けました。

ベルリンでは、フリードリヒ二世のアイデアにより、新たに科学アカデミーが設立されており、オイラーは数学部門の長となりました。ベルリンでの生活は四半世紀に及び、この間に執筆した論文はおよそ三百八十篇にもなります。名高い変分法のテキストや、『微分計算教程』『積分計算教程』なども執筆しました。

一七六六年の夏、オイラーはペテルブルクにもどりました。ベルリン科学アカデミーでのオイラーの後任はラグランジュです。ロシアにもどってほどなく、オイラーは目の手術を受けたものの効を奏せず、ほぼ完全に失明しました。それにもかかわらず、この第二期のペテルブルク時代にオイラーが書き上げた作品は全著作のほぼ半分に達します。

一七八三年九月十八日、オイラーはいつものように半日をすごしましたが、午後五時ころ、脳出血を起し、「死ぬよ」と言いながら意識を失いました。そのまま回復せず、夜十一時ころ、亡くなりました。満七十六歳でした。オイラーの没後もペテルブルク科学アカデミーはオイラーの論文を出版し続け、半世紀以上に及びました。

力学への関心

オイラーの初期の研究で目立つのは力学や物理学で、数学の論文になかなか出会わないのは不思議です。一七三六年には全二巻の『力学』という著作を出しています。オイラーはこのとき二十九歳ですが、各巻いずれも五百頁を越えるという大著です。

オイラーは『力学』を書き進めながら、同時に変分法の構築も押し進めていました。論文の数はそれほど多いわけではありませんが、一七四四年には『極大または極小の性質を備えた曲線を見つける方法、あるいは、もっとも広い意味合いで諒解された等周問題の解法』という大きな書物を出しています。オイラーのねらいは、ニュートンの『プリンキピア』(『自然哲学の数学的諸原理』一六八七年)の解明にあり、『力学』はその総合報告と見てよいのではないかと思います。

デカルトは幾何の作図問題を解くのに代数方程式の力を借りるというアイデアを提案しましたが、オイラーは力学の問題を解くのに関数と微分方程式の力を借りるという姿勢を打ち出しました。このようなところを見ると、デカルトとオイラーはとてもよく似ています。

オイラーの関数

オイラーは全部で三種類の関数を提示しました。第一の関数は「解析的な表示式」で、念頭に浮かぶたいていの数式はその仲間です。第二の関数は「ある変化量に依存して変化する変化量」で、少々抽象的な感じになります。第三の関数は「切除線に対応する向軸線」という幾何学的に表示された関数で、オイラーはこれを振動する弦の運動を把握するために提案しました。直面する数学的状況に応じて、いろいろな表現が試みられたのです。

一番はじめの関数は、一七四八年に刊行された著作『無限解析序説』(全二巻)の冒頭において表明されました。オイラーはまず定量と変化量について、

定量とは、一貫して同一の値を保持し続けるという性質をもつ、明確に定められた量のことをいう。

変化量とは、一般にあらゆる定値をその中に包摂している不確定量、言い換えると、普遍的な性格を備えている量のことをいう。

と規定しました。定量とは数のことにほかならず、一個の変化量の中には一般にあらゆる種類の数がいっぱいに詰まっています。続いて、

ある変化量の関数というのは、その変化量といくつかの数、すなわち定量を用いて何らかの仕方で組み立てられた解析的表示式のことをいう。

と、関数を規定しました。「解析的表示式」の定義はありませんが、

$$a+3z,\ az-4z^2,\ az+b\sqrt{a^2-z^2},\ c^z$$

という例が挙げられています（a、b、cは定量、zは変化量）。解析的表示式という関数はそれ自身もまた変化量であるとオイラーは明記していますが、与えられた変化量を用いて新しい変化量を自由に作り出すシステムが構想されていたのでしょう。

以下、第一巻の全体にわたって関数の話が続き、これを基礎にして、第二巻では関数概念に基づく曲線の理論（解析幾何学）が展開されます。

オイラーの師匠のヨハン・ベルヌーイが、オイラーのいう解析的表示式にそっくりの言葉を書いたことがあります。一六九四年九月二日付のライプニッツへの手紙の中でヨハンは、「積分されるべき微分 ndz」と書き、そこに、「n は不定量と定量により何らかの仕方で作られた量」であると書き添えました。ここには「関数」という言葉はありませんが、ヨハンは別の場所で「ある変化量の関数と呼ばれるのは、その変化量といくつかの定量を用いて何らかの仕方で組み立てられる変化量のことである」という、オイラーの言葉とほとんど同じ「定義」を書いています。ヨハンはただ式に名前をつけただけで、新しい概念を創造しようとする意図はなかったと思いますが、オイラーに示唆を与えたであろうことは十分に考えられます。

大砲から発射される砲弾

オイラーの一七五五年の著作『微分計算教程』の「緒言」に、第二の関数概念が書き留められています。変化量 y が x の関数であるとは、y が変化する様式が x の変化に依存している状況を指しているというのです。

ある量が他の量に依存しているとして、その依存の様式は、後者の量が変化するなら前者もまた変化を受けるというふうになっているとしよう。このとき前者の量は、後者の量の関数という名で呼ばれる習わしである。この呼称はきわめて広く開かれていて、そこには、ある量が他の量を用いて決定される様式がことごとくみな包摂されている。そこで、xは変化量を表すとすると、どのような仕方でもよいからxに依存する量、すなわちxを用いて定められる量はすべてxの関数と呼ばれるのである。

オイラーは、大砲から発射された砲弾の位置を確定するという例を挙げています。大砲は水平な地面に据えられているとし、砲弾の飛行する方向に軸を定めると、大砲の位置を始点として、砲弾の位置の水平距離を指定する切除線xが定まります。砲弾は曲線を描いて飛びますが、その曲線の向軸線yは砲弾の高さを示します。この二つのパラメータは時間tの経過に伴って変化しますから、変化量という言葉がぴったりあてはまります。時間t自身も変化量です。

さらに、火薬の量mと砲身の仰角θが考えられます。この二つは時間tとは無関係ですが、自由に調節して変化させることができ、それに応じて砲弾の描く曲線も変化します。オイラー

は この状況を指して、「yはm、θ、t、xの関数である」というのです。

振動する弦

オイラーの第三の関数は、弦の振動の観察とともに出現します。空中の二点A、Bの間にピンと張られた弦をはじくと振動が生じます。振動はA、Bを含む固定された平面上に限定されるものとし、線分ABを軸に取り、点Aを始点と定めます。弦は曲線を描き、その形は時間tの経過に伴って変化します。このとき、曲線の切除線xと向軸線yと時間tの相互依存関係はどのようになるでしょうか。時間tは変化量です。一方、切除線xは曲線上の点の位置の水平距離を示すだけですから、時間tとの依存関係は存在せず、砲弾の描く曲線の場合とはちがって変化量とは言えません。向軸線yはtに依存して変化する変化量ですが、変化量ではないxにも依存します。

砲弾の描く曲線の場合には、時間tを隠れたパラメータとみなすと、向軸線yは切除線xの変化に伴って変化するように見えますから、オイラーの第二の関数の意味においてxの関数です。ところが振動する弦の描く曲線の場合には、yとxの関係は、ただ単に「指定されたxに

対して y が定まる」ということにすぎません。
オイラーはそれでも y を x と t の関数と見て、「弦の振動方程式」と呼ばれる x、t に関する偏微分方程式を書き下しました。
変化量ではない x に対応する y もまた関数の仲間に入れるという視線が、ここに明らかにされています。これがオイラーの第三の関数です。

関数とグラフ

オイラーはなぜこれらの関数を導入したのでしょうか？

『無限解析序説』の第二巻には、その真意がはっきりと語られています。それは、曲線の解析的源泉を関数と見て、曲線を関数のグラフとして認識するためでした。

今日の数学では、関数の世界は代数的な関数（代数方程式で規定される関数）と超越的な関数（それ以外の関数）に区分けされ、代数関数のグラフはデカルトのいう幾何学的曲線、すなわちライプニッツのいう代数曲線であり、超越関数のグラフは超越曲線であるということになっています。この見方の淵源をたどるとオイラーに行き当たります。

そこで、オイラーはどうして曲線を関数のグラフと見たいと思ったのだろうという疑問が生れるのですが、それは変分法を構築するためでした。これによって「曲線を変化させる」ことは「関数を変化させる」ことに帰着され、微積分の計算に乗せて、求める曲線の満たす微分方程式を書き下すことができるようになります。

一七四四年の著作『極大または極小の性質を備えた曲線を見つける方法、あるいは、もっとも広い意味合いで諒解された等周問題の解法』の段階では、まだ関数の明示的な提案はなく、オイラーは曲線を変化させようとしています。曲線を、切除線と向軸線との対応関係を通じて把握しようとしていますので、実際には関数を変化させているように見えなくもありません。「変化するもの」が曲線から関数へと移り行く黎明期の光景が、まざまざと目に映じます。

曲線を関数のグラフと見ると、その関数に対応する値(最短降下線問題では物体の降下時間)が決まります。すなわち、「関数の関数」です。変分法では、「関数の関数」の極値問題を考えていきます。オイラーはこれを遂行して「オイラーの方程式」を発見しました。オイラーを継承したラグランジュの名も合わせて、「オイラー‐ラグランジュの方程式」という呼称も定着しています。

最短降下線の問題を解くためにオイラー方程式を立てて解くと、サイクロイドが出現します。ヨハン・ベルヌーイの解法（コラム4-2）とも違いますし、まったく新しい解法でした。

逆接線法から微分方程式へ

ドゥボーヌの問題に始まるライプニッツの逆接線法は、ベルヌーイ兄弟の支援を得て大いに発展し、オイラーの微分方程式論の礎（いしずえ）になりました。最後に、オイラーの微分方程式論と逆接線法との違いを明らかにしておきます。

一七五〇年から翌一七五一年ころ、オイラーは

$$\frac{dx}{\sqrt{1-x^4}} = \frac{dy}{\sqrt{1-y^4}}$$

という形の微分方程式を解こうとしてなかなか成功しませんでした。この微分方程式はレムニスケート曲線と関係があり、左右両辺の微分の積分はレムニスケートの弧長を表します（図4-2）。

オイラーの関心事はレムニスケートにはありませんでした。何らかの曲線の接線の方程式と

見て、その曲線の復元をめざすというのであれば、ライプニッツやヨハン・ベルヌーイがそうしたように逆接線法の適用例になりますが、それもオイラーの関心事ではありませんでした。オイラーが手にしようと腐心していたのは、この方程式を満たす x、y の間の関係式でした。しかし、この両辺を積分したもの（レムニスケート積分）は正体の明らかではない超越量です。

オイラーの思索は行き詰まっていたのですが、そこにイタリアの数学者ファニャノから数学論文集が送られてきました。そこには、

$$x = \sqrt{\frac{1-y^2}{1+y^2}} \quad \text{すなわち} \quad x^2y^2+x^2+y^2-1=0$$

という特殊解が記されていました。

ファニャノ自身の念頭には別段、微分方程式を解くという意識があったわけではなく、この変換によってレムニスケート積分が同じレムニスケート積分に移ることに気づいたというだけのことでした。しかしオイラーの目にはまったく別の光景が映じ、これに手掛かりを得てたちまち苦境を脱し、一個の不定量を含む一般解

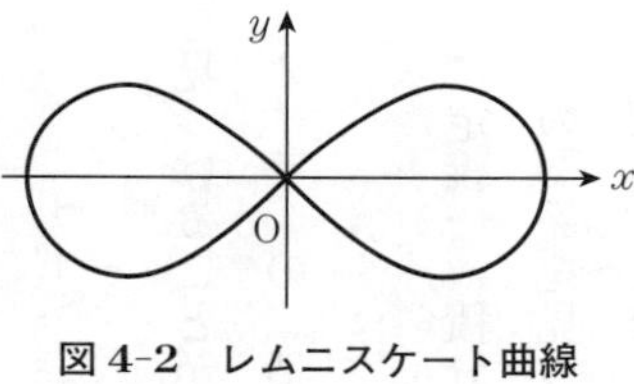

図 4-2　レムニスケート曲線

$$x^2+y^2+c^2x^2y^2=c^2+2xy\sqrt{1-c^4}$$

を見つけることができました（cは定量）。

オイラーの『積分計算教程』第一巻の「序文」に、

定義一　積分計算とは、いくつかの変化量の微分の間の与えられた関係から、それらの量の関係を見つけ出す方法のことである。それを達成する手順は、積分という名で呼ばれる習わしになっている。

と記されています。「いくつかの変化量の微分の間の関係式」は微分方程式を指し、「それらの量の関係」は、微分方程式を生成する諸量の間の方程式を指しています。ライプニッツの逆接線法から出て、しかも曲線の理論から完全に乖離した微分方程式論が、ここにはっきりと語られています。

第5章　虚数は実在するか

——ライプニッツ、ヨハン・ベルヌーイ、オイラー

幾何学や数論の歴史を回想すると、古代ギリシアの数学と西欧近代の数学は根底において繋がっていることがわかりますが、いろいろな概念や理論の中には古代ギリシアにはなくて西欧の近代においてはじめて出現したものもあります。もっとも際立っている現象は、微積分の創造と虚数の発見です。

虚数の発見は「自乗(二乗)すると負になる数」への着目に始まります。日常的に出会う数は正でも負でも自分自身と掛け合わせれば必ず正になるのですから、「自乗すると負になる数」というものを思い浮かべることは困難ですが、数学の世界では虚数を考えなければ理解できない「現象」に出会うことがあります。

虚数との出会い

虚数の実在感

観念的に考えると、自乗して負になるような数は存在しない、存在するはずがないと思われますし、無理に呑み込もうとしてもどこかしら不安な感じが拭えません。虚数の有無をめぐって態度を鮮明にしなかった数学者たちも見られましたし、なかにはコーシーのように、どこまでも形式的に取扱うことをはっきりと宣言した人もいますが、他方では虚数に対して強固な実在感を抱く一系の数学者たちもまた存在します。

虚数は数学のいたるところに出現します。一例として、$x^2+1=0$という二次方程式を解くことを考えてみます。「自乗すると-1になる数」を受け入れるなら、その一つを$\sqrt{-1}$という記号で表すとき、この方程式の二つの根（こん）は$x=\pm\sqrt{-1}$と表示されます。ところが、数の範囲を実数に限定すると、この方程式の根はその中には見つかりませんから、「根は存在しない」という判断に傾きます。

二次方程式の解法（もしくはそれに相当する何事か）は古くから世界のあちこちで知られていましたが、虚根をどうするかという課題に必ず直面し、その際の対処法として目につくのは、考えないことにする、あるいは排除するという姿勢です。

代数方程式の根と複素数

今日の数学の語法を借りて、$\sqrt{-1}$ を「虚数単位」と呼ぶことにします。実数 a、b と虚数単位 $\sqrt{-1}$ を組み合わせて構成される $a+b\sqrt{-1}$ という形の数を考えます。これが複素数です。$b=0$ のときは複素数は実数になります。$b\neq0$ のときは複素数は実数ではなく、虚数と呼ばれます。

二次方程式は、四則演算、すなわち加法、減法、乗法、除法の四演算に、「平方根をとる」という操作を組み合わせて、根(解)を表示することができます。「根」という言葉は今日ではあまり使われないようになりましたが、「代数方程式をみたす数」を指す伝統的な呼称です。係数が実数でも複素数でも、二次方程式は複素数の範囲で必ず二つの根をもちます(二つの根が重複して現れることもあります)。

三次方程式の解法に出現する虚数

十六世紀のイタリアでは、二次を越える次数をもつ代数方程式の解法が追究されました。三次方程式の解法はフェッロとタルタリアが発見し、四次方程式の解法はフェラリが発見しました。今日、三次方程式の解法は「カルダノの解法」と呼ばれていますが、カルダノは自分で発見したわけではなく、『大技術、あるいは代数学の諸規則について』(一五四五年)という著作の中で三次と四次の方程式の解法を、さながら自分で考案したかのように書き綴っただけでした。

そのカルダノの解法を適用してある種の三次方程式を解こうとしたとき、奇妙な現象が観察されました。実根、すなわち実数の根であるにもかかわらず、その表示式の中に必然的に虚数が現れてしまい、避けることができないという不可解な現象です(コラム5-1)。

カルダノの解法で実根を見つけようとすると虚数を避けることができない三次方程式は「還元不能な方程式」と呼ばれています。二次方程式の解法でしたら、虚根は根として認知せずに排除するという態度を堅持することも可能でした。三次方程式の還元不能の場合には、虚数を認めないことには実数の根も得られないので、状況がやや深刻になります。

カルダノは「$\sqrt{-9}$は$+3$でも-3でもないが、何かしら秘められた第三の種類のものである」と記し、虚数を排除しようとはしませんでした(正数を第一の種類のもの、負数を第二の種類のものと見ているのでしょう)。珍奇な印象を誘う何物かを積極的に受け入れようとしています。虚数を自覚的に数学に取り入れようとする姿勢が示された最初期の人物です。

という6次方程式が得られます．これをy^3に関する2次方程式と見て解くと，$y^3=81\pm30\sqrt{-3}$という表示が得られます．

3乗根を開くことによりyの値が手に入り，それを用いてzの値もまた判明します．3乗根の一つを$\alpha=\sqrt[3]{81+30\sqrt{-3}}$とすると，他の二つは$\omega, \alpha\omega^2$と表されます（$\omega$は1の原始3乗根，すなわち1の3乗根のうち，1以外のものです．そのような数は二つ存在し，$\frac{-1\pm\sqrt{-3}}{2}$ですが，その一つをωとします）．これらのyの三つの値に対応して，zの三つの値が定まります．yとzを加えて，xの三つの値が得られます．それらの一つは

$$x=\sqrt[3]{81+30\sqrt{-3}}+\sqrt[3]{81-30\sqrt{-3}}$$

です．これは一見すると虚数のように見えますが，$\sqrt[3]{81\pm30\sqrt{-3}}=-3\pm2\sqrt{-3}$ですから，$x=-6$が得られて，実数であることが判明します．

コラム5-1　カルダノの解法の例

カルダノの解法を適用して3次方程式

$$x^3-63x=162$$

を解いてみます．新たに2個の未知数 y, z を導入して $x=y+z$ と置くところに，この解法のポイントがあります．これを上記の方程式に代入すると，

$$y^3+z^3-162+3(y+z)(yz-21)=0.$$

そこで連立方程式

$$\begin{cases} y^3+z^3-162=0 \\ yz-21=0 \end{cases}$$

を設定すると，後者の方程式から $z=\dfrac{21}{y}$．これを前者の方程式に代入すると，

$$y^6-162y^3+21^3=0$$

虚数との第二の出会い

十七世紀に入り、デカルト、フェルマ、ライプニッツ、ベルヌーイ兄弟などの手により、微分法と積分法が創造された経緯については、これまでのところで詳しく観察してきた通りです。微積分の成立に伴って、数学は再び虚数と遭遇しました。

関数 $f(x)$ の積分を求めるのに、$f(x)$ が多項式なら困難はありません。では、分数式、すなわち多項式と多項式の商の形で表される式の積分はどのようになるのでしょうか。分母が一次式の場合には、積分は対数 log を用いて表示されます。コラム5-2に示したように、もともと対数計算は、積の計算を和の計算に置き換えることができるので、桁数の多い数の計算に威力を発揮します。

対数が現れる積分の一例を挙げると、

$$\int \frac{1}{x+1} dx = \log(x+1) + C$$

となります（Cは定数）。次に、分母が二次多項式の場合はどうでしょうか。たとえば

$$f(x)=\frac{1}{x^2+1}$$

の積分は、今日の教科書では、逆正接関数 $\arctan x$ で示されています。これは変数変換 $x=\tan\theta$ を行って計算します。どうしてこのような変数変換を持ち出さなければならないのかというと、二次式 x^2+1 は実数の数域において因数分解できないからです。複素数域でなら $x^2+1=(x+\sqrt{-1})(x-\sqrt{-1})$ と因数分解でき、$f(x)$ は部分分数に展開されて、積分もすらすらと計算が進行します。

$$\int\frac{dx}{x^2+1}=\frac{1}{2\sqrt{-1}}\left(\int\frac{dx}{x-\sqrt{-1}}-\int\frac{dx}{x+\sqrt{-1}}\right)$$

$$=\frac{1}{2\sqrt{-1}}(\log(x-\sqrt{-1})-\log(x+\sqrt{-1}))$$

ところが、この計算の途中で複素数の対数 $\log(x\pm\sqrt{-1})$ に遭遇します。

対数はもともと正の数に対して考えられたものです。負数や虚数の対数に直面した場合、どのように対処したらよいのでしょうか。

ねに自然対数で，底を明記せずに表記します．

自然対数でも常用対数でも，つねに等式

$$\log xy = \log x + \log y, \qquad \log \frac{x}{y} = \log x - \log y$$

が成立します．特に，

$$\log 1 = 0, \qquad \log x^n = n \log x,$$

$$\log \sqrt{x} = \log x^{\frac{1}{2}} = \frac{1}{2} \log x.$$

自然対数は積分を用いて

$$y = \int_1^x \frac{dx}{x}$$

と表示されます．

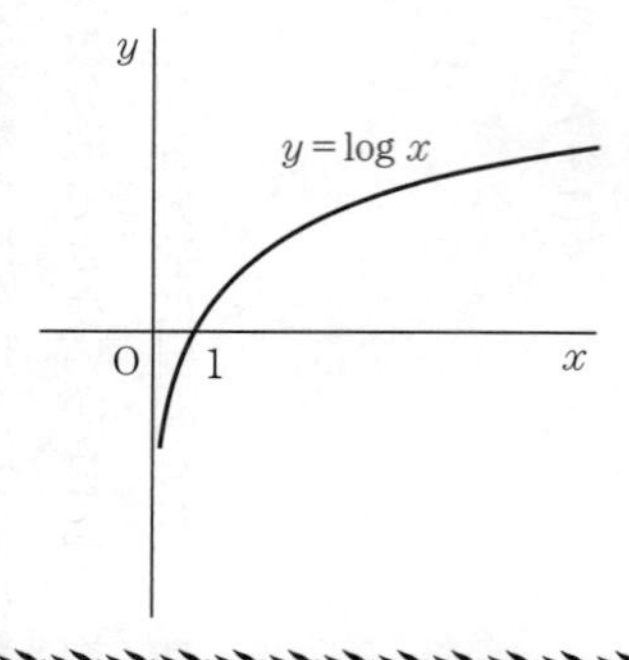

コラム5-2　対数

正の実数xと実数yが，aは1と異なる正の数として，$x=a^y$という関係で結ばれているとき，yを「aを底とするxの対数」と呼び，

$$y = \log_a x$$

と表記します．10を底とする対数を「常用対数」といいます．たとえば，$\log_{10} 1000000=6$.

他方，極限値

$$\begin{aligned} e &= \lim_{n\to\infty}\left(1+\frac{1}{n}\right)^n \\ &= 2.7182818284\cdots \end{aligned}$$

で与えられる数eを底とする対数を「自然対数」と呼び，微積分ではもっぱらこの対数が使われています．eはπと同様，超越数です．eは双曲線$y=\dfrac{1}{x}$で囲まれる領域の面積が1となる数，すなわち等式$\displaystyle\int_1^e \frac{dx}{x}=1$をみたす数としても与えられますので，自然対数は「双曲線対数」と呼ばれることもあります．本書に現れる対数はつ

虚数の対数をめぐって

ベルヌーイとライプニッツの論争

ヨハン・ベルヌーイとライプニッツは、前記のような積分計算を検討する中で虚数の対数に遭遇し、その正体をめぐって手紙で議論を重ねました。

ベルヌーイの見るところ、負数の対数は正数の対数と同じです。正数 a に対し、つねに等式 $\log(-a)=\log(+a)$ が成り立つという主張です。ライプニッツがこれに異議を唱えると、ベルヌーイはそれに応じてさまざまに論拠を示そうとしました。

感情の納得という面から見ると、対数曲線を描くのがもっとも説得力がありそうに思います。対数関数 $y=\log x$ を微分すると、$dy=\frac{dx}{x}$。これを変形すると $dy=\frac{-dx}{-x}$ となり、その解は $y=\log(-x)$ です。対数曲線 $y=\log x$ は指数曲線 $x=e^y$ と同じですから、解 $y=\log(-x)$ は、y 軸と対称の位置にもう一つの指数曲線 $-x=e^y$ が描かれることを示しています。

図形の配置状況を見ると、いかにも明瞭で自然な考え方です。しかしこの場合、$\log(-1)=$

$\log(+1)=0$となりますから、$\log(\sqrt{-1})=\frac{1}{2}\log(-1)=0$が導かれます。これは、ベルヌーイが発見した「美しい等式」(次項で紹介します)にも反する帰結です。

これに対しライプニッツは、$\log(-1)$も$\log\sqrt{-1}$もどちらも虚数であると主張しました。その論拠として、$+1$と-1の比を考察しました。等式$\frac{+1}{-1}=\frac{-1}{+1}=-1$については疑いをはさむ余地はありません。これは「$-1$に対する$+1$の比」と「$+1$に対する$-1$の比」が等しく、ともに$-1$であることを示しています。すると、「小さい数に対する大きな数の比」と「大きな数に対する小さな数の比」が等しいことになります。そのような比に対応する対数は存在しえない、したがって虚数である、というのがライプニッツの所見です。

ところが、このライプニッツの所見を受け入れると、$\log(-1)$の二倍も虚数になるはずです。しかし、$2\log(-1)=\log(-1)^2=\log 1=0$となり、矛盾に逢着します。ライプニッツはベルヌーイの異議を受けて別の論拠をいくつか提示しましたが、ベルヌーイを納得させることはできませんでした。

二人の論争は、決着がつかないまま、いつのまにか立ち消えのような恰好になりました。後にこの論争を見直し、複素数の対数というものをはっきりと規定したのはオイラーです。

ベルヌーイの美しい等式

オイラーは「負数と虚数の対数に関するライプニッツとベルヌーイの論争」(一七四九／五一年)という論文の中で、「ヨハン・ベルヌーイの美しい発見」を語りました。虚数$\sqrt{-1}$とその対数の比を作ると、円周率πの二分の一になることを示す等式です。いかにも奇妙で、深遠な神秘感に包まれています。

$$\frac{\log\sqrt{-1}}{\sqrt{-1}}=\frac{\pi}{2}$$

ベルヌーイの美しい等式

この等式の初出は、ベルヌーイの一七〇二年八月五日に書かれた手紙です。この手紙には、微分$\frac{dz}{1-z^2}$を対数の微分$\frac{dt}{2t}$に変換する問題とともに、微分$\frac{dz}{1+z^2}$を虚の対数の微分$\frac{-dt}{2t\sqrt{-1}}$に変換する問題が記されています。ベルヌーイは変数変換$z=\frac{\sqrt{-1}t+1}{t+\sqrt{-1}}$によってこの問題に応じ、虚の対数の定積分を実行して

$$e^{\sqrt{-1}\theta} = \cos\theta + \sqrt{-1}\sin\theta$$

$$e^{\frac{\pi}{2}\sqrt{-1}} = \sqrt{-1} \quad \left(\theta = \frac{\pi}{2}\text{ の場合}\right)$$

オイラーの公式

$$\int_0^1 \frac{dz}{1+z^2} = \int_{\sqrt{-1}}^1 \frac{-dt}{2t\sqrt{-1}} = \frac{-1}{2\sqrt{-1}}[\log t]_{\sqrt{-1}}^1 = \frac{\log\sqrt{-1}}{2\sqrt{-1}}$$

を得ました。一方、変数変換 $z=\tan\theta$ を実行して計算すると、この定積分は $\pi/4$ となります。ただしこの途中、負数や虚数の対数が出現します。

こうして「美しい等式」が得られます。オイラーはこの等式を通じて複素対数の不思議さに触れ、その根底にあるものを明るみに出したいと念願したのでした。

オイラーの公式

数学に虚数が登場する場面というと、「オイラーの公式」という名で知られる等式が有名です。これは虚数の対数の正体を探索する中でオイラーが遭遇した等式です。複素指数べきと正弦、余弦との関係を与えている等式で、一見するとなんだか奇妙な感じがあります。

$\theta=\frac{\pi}{2}$ の場合、下側の式になり、自然対数の底 e と円周率 π と虚数 $\sqrt{-1}$ が

連繫する平明な等式が現れます。

オイラーのパラドックス

オイラーはライプニッツとベルヌーイのやりとりを知らないままに、負数と虚数の対数について独自に思索を重ねていましたが、その途次、さまざまな矛盾に逢着しました。

ベルヌーイの美しい等式をひとまず承認すると、$2\log\sqrt{-1}=\pi\sqrt{-1}$ となります。左辺に対して通常の対数の計算規則を適用すると、$2\log\sqrt{-1}=\log(\sqrt{-1})^2=\log(-1)$ となりますから、等式 $\log(-1)=\pi\sqrt{-1}$ が得られます。これは -1 の対数は純虚数であることを示しています。

オイラーは負数の対数が虚量であることによほど強い確信があったようで、ベルヌーイの等式に根拠を求めるまでもなく、「おのずから明らかと言ってもよい」などという言葉も読み取れます(『無限解析序説』、一七四八年)。

ところがこの事実を受け入れると、不可解な現象に相次いで遭遇します。オイラー自身、いくつかのパラドックスを例示しました(コラム5-3)。通常の対数計算の規則にしたがって簡単な計算を行っただけなのですが、まったくありえない現象が帰結します。

コラム 5-3　負数と虚数の対数をめぐるオイラーのパラドックスより

コラム 5-2 の基本的な対数計算のルールから，さまざまな矛盾が導かれます．

(1)　n は正数として，負数の対数 $\log(-n)$ を p と表してみます．オイラーの見方では p は虚量です．$p=\log(-n)$ の両辺の2倍を作ると，$2p=2\log(-n)=\log(-n)^2=\log n^2=2\log n$．これより $p=\log n=\frac{1}{2}\log n^2$．この等式は，虚量 p と実量 $\log n$ がいずれも実量 $\log n^2$ の2分の1に等しいことを示しています．

(2)　等式 $-1=\frac{+1}{-1}$ の両辺の対数をとると，$\log(-1)=\log(+1)-\log(-1)=0-\log(-1)=-\log(-1)$．つまり $+\log(-1)=-\log(-1)$．これは -1 の対数は0以外の数ではありえないことを示しています．

(3)　a は任意の数として，$\frac{a}{2}+\log(-1)$ は $\frac{a}{2}$ に等しくなります．実際，これを2倍すると，$a+2\log(-1)=a+\log(-1)^2=a+\log 1=a$ となります．

(4)　三つの数

$$\frac{a}{3},\ \frac{a}{3}+\log\frac{-1+\sqrt{-3}}{2},\ \frac{a}{3}+\log\frac{-1-\sqrt{-3}}{2}$$

の3倍はどれも a に等しくなります．

以下，4分の1，5分の1，…と，どこまでも続きます．

オイラーは「このパラドックスを通常の量の観念をもって解消するにはどのようにしたらよいのであろうか」と嘆息し、「この点は明瞭ではない」と言い添えました。

対数の値は無限に存在する

オイラーの『無限解析序説』は一七四八年に刊行されましたが、執筆されたのは一七四五年です。オイラーが考えをめぐらしていたおりしも、この年、ライプニッツとベルヌーイの論争を含む往復書簡集が刊行されました。オイラーはそのやりとりを見て、思索を新たにする機会を得たのであろうと思います。

オイラーは一七四七年に「負数と虚数の対数について」という論文をベルリン科学アカデミーに提出しています。その中で、ライプニッツとベルヌーイの間の論争に言及しているのですが、決着がつかなかった理由は、二人とも、「与えられた負数や虚数に対し、その対数はある定まった一個の量である」という一事を疑わなかったからだというのです。

オイラーは、「対数のただ一つの確定値」は存在しない、負数や虚数の対数ばかりではなく、正数の対数といえども一個の値ではなく、無限に多くの値をもちうると主張しました。このことに着目していたのは、ライプニッツとベルヌーイの書簡集に接する前のことといいます。いくつか例を示します。

$$\log 1 = 0,\ \pm 2\pi\sqrt{-1},\ \pm 4\pi\sqrt{-1},\ \pm 6\pi\sqrt{-1},\ \cdots$$

$$\log(-1) = \pm\pi\sqrt{-1},\ \pm 3\pi\sqrt{-1},\ \pm 5\pi\sqrt{-1},\ \pm 7\pi\sqrt{-1},\ \cdots$$

$$\log\sqrt{-1} = +\frac{1}{2}\pi\sqrt{-1},\ +\frac{5}{2}\pi\sqrt{-1},\ +\frac{9}{2}\pi\sqrt{-1},\ \cdots,\ -\frac{3}{2}\pi\sqrt{-1},\ -\frac{7}{2}\pi\sqrt{-1},\ -\frac{11}{2}\pi\sqrt{-1},\ \cdots$$

「ベルヌーイの等式」に現れる比 $\dfrac{\log\sqrt{-1}}{\sqrt{-1}}$ は、

$$\frac{\log\sqrt{-1}}{\sqrt{-1}} = +\frac{1}{2}\pi,\ +\frac{5}{2}\pi,\ +\frac{9}{2}\pi,\ \cdots,\ -\frac{3}{2}\pi,\ -\frac{7}{2}\pi,\ -\frac{11}{2}\pi,\ \cdots$$

というふうに無数の値をもちます。ベルヌーイが書き留めた値 $\frac{\pi}{2}$ はその一つです。これでベルヌーイの等式は正しいとは言えなくなってしまいましたが、それでもなお真実の一端に触れていることはまちがいありません。

ベルヌーイが「美しい等式」を導く際に行った計算では、$\sqrt{-1}$の対数の値を、無数の中から一つ取り出しました。どうしてそのようなことが許されるのか、説明が必要です。これが一つのきっかけとなり、後の世代、すなわちコーシー、ヴァイエルシュトラス、リーマンなどが主要な担い手となって、複素変数の関数の微積分(複素関数論)の世界が開かれました。

ガウスと虚数

虚数の話になると、さながら枕言葉のように持ち出される決まり文句があります。それは、虚数が存在するとはとても信じられないから、実在する数であるかのように語ることはできない。そこで数学者たちはみなさまざまな工夫を凝らして虚数が表面に出るのを回避した、という説明です。その恰好の事例として、ガウスが「代数学の基本定理」を提示した際に、あえて複素数に触れないようにしたということが挙げられます。

代数学の基本定理とは、「複素数の範囲で探すとき、一般に複素数の係数をもつどのような代数方程式に対しても、その根が必ず見つかる」という定理です。ガウスはこれを証明しなければならないことを自覚して、一七九九年の学位論文で遂行しました。

ガウスの学位論文の表題は、

「一個の変化量のすべての整有理代数関数は、一次または二次のいくつかの実因子に分解可能であるという定理の新しい証明」

というものでした。「整有理代数関数」というのは多項式のことですが、ガウスは一変数の実係数多項式を考えています。この表題の文言の意味するところは次の通りです。

複素数の全体を数域として設定しておけば、一般に実係数の多項式は一次因子の積 $(x-a_1)(x-a_2)\cdots$ に分解されます（a_1、a_2、…は定数）。その際、a_1、a_2、…の中に虚数が現れることがあります。その場合には、共役（きょうやく）な因子が必ず存在します。すなわち、$x-b-c\sqrt{-1}$ が因子であれば、$x-b+c\sqrt{-1}$ もまた因子です（b、c は実数）。これらを組にして積を作ると、実係数の二次因子 $(x-b)^2+c^2$ ができます。そこで、「一次または二次の実因子」と限定しておけば、表面上は虚数を持ち出さなくてもすみます。

しかし、もし虚数を避けないという構えを取るのであれば、表題は簡明に「一個の変化量のすべての整有理代数関数はいくつかの一次因子に分解可能であるという定理の新しい証明」となりそうです。どうしてそうしなかったのか、ガウスの心事はわかりません。

それでも、ガウスが虚数を避けようとしていなかった証拠があります。ガウスの《数学日記》の第八十番目の記事(一七九七年十月)に、「方程式は虚根をもつことが、自然な方法で証明された」と明記されています。

ガウスと虚数については、数論との関連のもとで、次章において詳しく綴りたいと思います。

第6章　数の神秘——ガウス

数論にはフェルマとガウスという二つの泉があります。フェルマは「直角三角形の基本定理」によって素数が二つの平方数に分けられる条件を示しました。オイラーを通じてフェルマを継承したラグランジュは、「素数の形状」についての大きな理論を展開しました。一方ガウスは、素数と素数の間に成り立つ神秘的な相互関係を感知し、数論の世界を開いていきました。

ガウスの『アリトメチカ研究』

ガウス

ダニングトンの評伝『ガウスの生涯』によると、ガウスの父は水道工事の親方の称号をもち、街の市(いち)で商人の手助けをし、大きな埋葬保険会社の会計をまかせられ、煉瓦職と呼ばれるような仕事もしたというふうで、いろいろな仕事に従事していた様子がうかがわれます。晩年の十五年間は造園業に従事していたという記述もあります。

父が賃金を支払おうと計算していたとき、三歳のガウスがまちがいを指摘したというエピソードはよく知られています。どうしてそんな話が伝わっているのかというと、ガウス本人がザルトリウスに話し、ガウスの没後、ザルトリウスが『ガウスの思い出』という追悼記に書き留めたからです。ザルトリウスはガウスより三十二歳も年下の友人で、ゲッチンゲン大学の地質学者でした。ガウスはザルトリウスを話し相手にして、少年期にさかのぼるあれこれの思い出を語りました。

カール・フリードリヒ・ガウスの生地はブラウンシュヴァイクです。生誕日は一七七七年四月三十日ですが、この日付を語ったのはガウス本人です。ガウスの母はガウスが生れた日をただ「昇天祭の八日前の水曜日」とだけ伝えたのですが、これを受けてガウスは「復活祭公式」と呼ばれる公式を考案し、生誕日を割り出しました。これもまたガウスがザルトリウスに語ったエピソードです。

少年ガウスの天才はブラウンシュヴァイク公の目に留まり、長い年月にわたって経済上の庇護を受け続けることになりました。一七九五年十月十一日、ガウスはゲッチンゲン大学に入学するためにブラウンシュヴァイクを離れました。この時点でガウスは満十八歳です。

ガウス

ガウスは翌一七九六年三月三十日から《数学日記》を書き始めました。心に浮かんだアイデアを書き留めたり、数学的発見に打たれてあふれんばかりの喜びを吐露したり、片々たる小冊子ではありますが、近代の数学が生い立っていく姿をありありと伝える第一級の文献です。日付と場所が併記されていますので、ガウスの日々の生活の様子もわずかながら伝わってきます。

ゲッチンゲン大学時代のガウスには特別の師匠という人はいなかったようで、非ユークリッド幾何学の研究で知られるハンガリーの数学者ボヤイと交際しながら、独自の数学的思索の日々をすごした模様です。一七九八年九月、卒業して帰郷し、翌一七九九年七月、「代数学の基本定理」(第5章で紹介しました)の証明を叙述する論文をヘルムシュテット大学に提出し、哲学博士の学位を受けました。

一八〇一年九月、ガウスは『アリトメチカ研究』という著作を刊行しました。アリトメチカは「数の理論」を意味するラテン語です。七つの章で編成された大きな作品です。

一八〇七年、ゲッチンゲン大学教授兼天文台長に就任し、天文学、電磁気学、非ユークリッド幾何学、曲面論など、多くの方面に足跡を遺すとともに、リーマンやデデキントなど、次の世代の数学者たちを育てました。一八五五年二月二十三日、ゲッチンゲンで亡くなりました。

直角三角形の基本定理を振り返って

フェルマの直角三角形の基本定理(第2章参照)には、素数の一性質が現れています。素数の全体を二つに分けて、一方のグループには「4で割ると1が余る素数」を所属させ、もう一方のグループには「4で割ると3が余る素数」を所属させます。このとき、前者の素数には「二つの平方数の和の形に表される」という性質が備わっていることを主張するのが、直角三角形の基本定理です。

後者の素数にはこの性質は備わっていません。なぜなら、a^2+b^2という形の素数を4で割るとき、余りが3になることはありえないからです。実際、a^2+b^2が素数である以上、aとbがともに偶数であることはなく、ともに奇数であることもありえません。一方は偶数、他方は奇数になるほかはありませんが、偶数の平方は4で割り切れますし、奇数の平方を4で割ると1

が余ります。

では、視点を変えて、こんなふうに問題を提出するとどうでしょうか。

方程式 $x^2+y^2=p$ が整数解 x、yをもつのは、pがどのような素数の場合であろうか。

整数解というと負数も許容されますが、平方数が考えられていますので、解の正負は問題になりません。pとしては正の数が取り上げられています。この方程式には未知数が二つ含まれていて、しかも解として求められているのは整数ですから、解をもつかどうかわからない不定方程式の一つなのですが、答はすでに「直角三角形の基本定理」によって明らかにされています。すなわち、求める可解条件は「4で割ると1が余る素数であること」です。

あるすばらしいアリトメチカの真理

「数 pを4で割ると余りが1になる」という状況を言い表すのに、ガウスは「数の合同」の概念を導入しました(コラム6-1)。合同式を用いると、この状況は $p\equiv 1 \pmod{4}$ (pは4を法として1と合同)と表されます。

ガウスの数論は、合同式の世界を舞台にして繰り広げられます。フェルマの発見のいくつか

コラム 6-1　合同式

二つの整数a, bと正整数(自然数)cに対し，aとbの差がcで割り切れるとき，ガウスは新しい記号を導入してこれを

$$a \equiv b \pmod{c}$$

と表記し，「aとbはcを法として合同である」と言い表しました．これが今日の合同式のはじまりです．mod. は modulus(法)の略です．

たとえば，$28 \equiv 3 \pmod{5}$．

合同式についても，等式に対するのと同様に加減乗除の演算が考えられます．

$a \equiv b \pmod{p}$,　　$c \equiv d \pmod{p}$　のとき，
$a+c \equiv b+d \pmod{p}$,　　$a-c \equiv b-d \pmod{p}$,
$ac \equiv bd \pmod{p}$.

$ac \equiv bc \pmod{p}$ かつ，cとpが互いに素(最大公約数が1)であれば，$a \equiv b \pmod{p}$．

代数方程式の場合と同様に，未知数をもつ合同式が考えられ，そしてそれを「解く」ことが考えられます．ガウスが発見した命題に見られる合同式$x^2 \equiv -1 \pmod{p}$は，次数2の合同式です．

を合同式の場に移すことも可能です。一例を挙げると、ある素数が二つの平方数の和の形に表されることは、合同式 $x^2 \equiv -1 \pmod{p}$ が解をもつことと同等ですから（コラム6-2）、直角三角形の基本定理は、

$$p \equiv 1 \pmod{4} \text{ となる素数 } p \text{ に対し、合同式 } x^2 \equiv -1 \pmod{p} \text{ は解をもつ。}$$

という命題と論理的に同じです。

一七九五年のはじめ、ガウスはたまたまこの命題を発見し、きわめて鮮明な印象を受けたようで、それを「あるすばらしいアリトメチカの真理」と呼びました（『アリトメチカ研究』緒言）。しかも、その背景にはいっそうすばらしいアリトメチカの世界が広がっていることを感知し、その全容を明るみに出したいと願うようになりました。これがガウスの数論のはじまりですが、一七九五年の年初のガウスは満十七歳で、ゲッチンゲン大学にもまだ入学していませんでした。

十七歳のガウスが発見した先ほどの一命題は、今日の数論では「平方剰余相互法則の第一補充法則」と呼ばれています。ガウスはまずはじめにこの命題を発見し、その背後に平方剰余の相互法則の存在を感知して、その姿形を明らかにするとともに、今日の数論で第二補充法則と呼ばれているもう一つの補充法則も発見しました。証明にも成功し、これを「平方剰余の理論

コラム6-2　直角三角形の基本定理と平方剰余相互法則の第一補充法則

まず，直角三角形の基本定理から出発して，-1が「4で割ると1が余る素数」pの平方剰余となることを示します．直角三角形の基本定理により，pは二つの整数の平方の和として$p=x^2+y^2$という形に表されます．視点を変えると，不定方程式$x^2+y^2=p$は解$x=a, y=b$をもちます．aとbはいずれもpで割り切れません．

bの$p-1$個の倍数b，$2b$，$3b, \cdots, (p-1)b$を作ります．これらはどれもpで割り切れず，しかもどの二つも法pに関して合同ではありません．そこで，これらをpで割り，余りが1と$p-1$の間に入るようにすると，それらの余りは，順序は異なるかもしれませんが，全体として1，2，$3, \cdots$，$p-1$と一致します．それゆえ，bの倍数の一つcbは，pを法として1と合同になります．

等式$a^2=-b^2+p$の両辺にc^2を乗じると，$(ca)^2=-(cb)^2+c^2p$．上の推論から$(cb)^2\equiv 1 \pmod{p}$ですから，$(ca)^2\equiv -1 \pmod{p}$．

これは，「二次合同式$x^2\equiv -1 \pmod{p}$が解caをもつ」ことを示しています．

逆向きの道もたどることができますから，素数pに対し，「直角三角形の基本定理が成り立つこと」と「平方剰余相互法則の第一補充法則」が成り立つことは同等であることがわかります．

における基本定理」と呼びました。引き続き、その姿の観察を続けます。

平方剰余

一般に、pは奇素数、aはpで割り切れない整数として、合同式$x^2 \equiv a \pmod{p}$が解ける場合、言い換えると、この合同式を満たす整数xが存在する場合、aは「pの平方剰余」と呼ばれ、そうでなければ非平方剰余と呼ばれます。ここで「奇素数」と書きましたが、偶数の素数は2だけですので、奇素数といえば「2以外の素数」という意味になります。

今度はpとqは相異なる奇素数とすると、pとqの一方を法として、二つの二次合同式

(1)　$x^2 \equiv p \pmod{q}$

(2)　$x^2 \equiv q \pmod{p}$

が同時に考えられます。これらは同時に解けたり、同時に解けなかったり、一方だけ解けて他方は解けなかったりします。言い換えると、pとqとが互いに平方剰余となったり非平方剰余となったりします。

ガウスは合同式を解くことそれ自体ではなく、両者が解けたり解けなかったりする現象の間

に、ある特定の「相互依存関係」が認められるところに深い関心を寄せました。異なる二つの素数の間に相互関係を認識するというのは、古代ギリシア以来の数論の伝統には見られなかったものです。

相互法則

ガウスが発見した相互関係は、pとqの形状によって決まります。具体的に言うと、

（場合Ⅰ）pとqのうち、少なくともどちらか一方が4を法として1と合同なら、合同式(1)(2)は同時に解けるか、あるいは同時に解けないかのいずれか（言い換えると、ともに平方剰余であるか、あるいは、ともに非平方剰余であるかのいずれか）である。

（場合Ⅱ）pとqがどちらも4を法として3と合同なら、合同式(1)(2)のどちらか一方は解けるが、もう一方は解けない。（一方が平方剰余で、他方は非平方剰余。）

非常に簡明な数学的事実ですが、どうしてこのような相互関係が存在するのか、考えれば考えるほど不思議さがつのります。

ただし、-1と2は例外で、個別に対処する必要があります。それが二つの補充法則です。第一補充法則についてはすでに語った通りです。第二補充法則は、pは奇素数として、合同式

$$x^2 \equiv 2 \pmod{p}$$

が解をもつのは$p \equiv 1$または$p \equiv 7 \pmod{8}$のときで、それ以外の場合、すなわち$p \equiv 3$または$p \equiv 5 \pmod{8}$のときは解をもたない、という命題です。

第一補充法則と直角三角形の基本定理は論理的に同等ですから、第一補充法則の発見者はフェルマと見るべきではないかという所見も成立しそうです。同じ命題がはじめフェルマにより発見され、後年、ガウスが再発見したということになります。しかし、この状況を見て「本質は同じ」と見たり、「同一の真理がいろいろな形で現れた」と評するのは違和感があります。なぜなら、「知りたいと思うこと」の姿がまったく異なっているからです。

ルジャンドルの記号

今日では、平方剰余相互法則は「ルジャンドルの記号」を用いて表示されます。ルジャンドルの記号は、奇素数pと、pで割り切れない整数aを対象にして規定され、コラム６-３に示すように、aがpの平方剰余か否かに応じて、$+1$か-1のどちらかの値を表します。これによって、ガウスの平方剰余相互法則は一つの式で簡明に書き表されます。

もう一つの相互法則――ラグランジュとルジャンドル

フェルマの挑戦状

一六五七年二月、フェルマはイギリスの数学者たちに平方数に関する問題で挑戦状を出しました。ラテン語で書かれた手紙です。その問題とは次の通りです。

任意の非平方数が与えられたとき、ある平方整数を見つけて、これらの二つの数の積に１を加えたものが平方数になるようにせよ。

コラム 6-3　ルジャンドルの記号による平方剰余の相互法則の表示

p は奇素数，a は p で割り切れない整数とするとき，ルジャンドルの記号 $\left(\dfrac{a}{p}\right)$ は，

$$a \text{ が } p \text{ の平方剰余のとき，} \quad \left(\frac{a}{p}\right) = +1$$

$$a \text{ が } p \text{ の非平方剰余のとき，} \quad \left(\frac{a}{p}\right) = -1$$

と定められます（p は正ですが，a は負でもかまいません）．ルジャンドルの記号の初出は 1785 年のルジャンドルの論文「不定解析研究」ですが，ルジャンドル自身の定義はここに記した定義とは異なります（後述します）．

ルジャンドルの記号を用いると，平方剰余の相互法則と補充法則は次のように表示されます（以下では p と q は正の奇素数）．

$$\text{平方剰余の相互法則：} \left(\frac{q}{p}\right)\left(\frac{p}{q}\right) = (-1)^{\frac{p-1}{2}\cdot\frac{q-1}{2}}$$

$$\text{第一補充法則：} \left(\frac{-1}{p}\right) = (-1)^{\frac{p-1}{2}}$$

$$\text{第二補充法則：} \left(\frac{2}{p}\right) = (-1)^{\frac{p^2-1}{8}}$$

この問題は、平方数でない任意の数を a として、等式

$$ay^2+1=x^2$$

が成立するように、整数 x と y を定めることと諒解されます。数 a が負であれば、解は $x=+1$, $y=0$ と $x=-1$, $y=0$ の二つのみで問題が無意味になってしまいますから、a としては正の数を考えます。

フェルマの挑戦を受けたイギリスの数学者のひとりはウォリスです。ウォリスは『代数学』(一六八五年)でこの問題を取り上げていますが、十分な解答を得ることができませんでした。

ペルの方程式

オイラーはなぜかこの方程式を研究したのはイギリスの数学者ジョン・ペルと思い込み、論文の表題に「ペルの問題」という言葉を使いました。そのためこの方程式は今も「ペルの方程式」と呼ばれています。ペルの方程式は、少し文字の配置を変えて、$x^2-ay^2=1$ という形に書

くのが習慣のようになっています。

オイラーが着目した連分数の手法により、ペルの方程式が必ず解をもつことを示すことに成功したのがラグランジュです。連分数とは、分数の分母に分数が含まれ、その分数の分母にまた分数が含まれ、と続いていく形の分数です。

ペルの方程式は二次不定方程式の一例にすぎないように見えますが、ラグランジュは、「この問題の解決がこの種の他のあらゆる問題の鍵である」とまで述べています。「この種の他のあらゆる問題」とは、一般の二次不定方程式を指しています。

ラグランジュ

ジョゼフ＝ルイ・ラグランジュは一七三六年一月二十五日、北部イタリアのトリノに生れました。フランスの数学者と見られることが多く、名前もフランス式に表記されます。父方はフランス系で、曽祖父はフランスの騎兵隊の隊長でした。

ラグランジュの父は、この地方を支配していたサルディニア王国でそれなりに重要な地位を占めていたようですが、投機に失敗して大金を失い、家計は裕福とは言えませんでした。父はラグランジュを法律家にしようとし、トリノ大学に学ばせました。お気に入りの科目はラテン語で、数学に熱中した様子もなかったのが、イギリスの数学者ハーレイの著作を読んだのがきっかけになって、突然、数学に関心を寄せ始めました。ラグランジュはおおむね独学で数学を学び、変分法の領域に属する等時曲線の問題を研究してオイラーに手紙を送りました。

水平な軸線の下部に曲線を描き、その上の任意の点Pに質点を置き、その質点が重力の作用により曲線に沿って落下するという状況を考えるとき(摩擦抵抗は無視します)、最下点に到達するのに要する時間は点Pの位置と無関係につねに一定とします。この性質を曲線の等時性といいますが、等時性をもつ曲線を等時曲線といい、等時曲線はサイクロイドであることをホイヘンスが示しました。

ラグランジュ

一七五五年、ラグランジュはトリノの王立砲学校の数学教授に任命されました。

オイラーはラグランジュを高く評価し、ベルリンに招聘しようとしました。はじめラグランジュは丁重に断りましたが、一七六六年、オイラーがベルリンを離れることになったとき、オイラーの後を受けてベルリンのアカデミーの数学部長に就任しました。

一七八六年、フリードリヒ二世が亡くなると、ラグランジュの心情はベルリンから離れがちになっていきました。イタリアの各地からも誘いがありましたが、ラグランジュはパリを選び、科学アカデミーのメンバーになりました。このときラグランジュは満五十一歳です。その後はフランスに滞在し、一八一三年四月十日、パリで亡くなりました。

ラグランジュが滞在した時期のフランスは、ルジャンドル、ラプラス、フーリエなど、一群の優れた数学者が現れて活況を呈していました。ラグランジュは彼らみなの師匠格でした。

一七八九年にフランス革命が起り、一七九三年には恐怖政治が始まってルイ十六世が処刑されました。これを見てイギリスやスペインなどが反革命側に立ちました。フランスはこれに対抗し、敵国に生れたすべての外国人を逮捕し、財産を没収するという法律が制定されました。ラグランジュの故郷サルディニア王国も反革命の敵国でしたが、ラグランジュは例外の扱いになりました。化学者のラヴォアジエの弁明が効を奏したと伝えられます。ところがそのラヴォアジエはギロチンにかけられて処刑されるという過酷な運命に見舞われました。

ファニャノ伯爵

一七五四年七月二十三日、十八歳のラグランジュは初めて数学の論文を執筆し、トリノの数学者ファニャノに手紙で報告しました。ただ、論文の内容は格別の創意が見られるわけではありません。

ファニャノは一六八二年十二月六日に生れた人ですから、ラグランジュの論文を受け取ったとき、すでに七十二歳でした。

一七五〇年、ファニャノは『数学論文集』(全二巻)を刊行し、翌年、ベルリンのオイラーのもとに届けました。この時期のオイラーは積分する方法のわからないある種の微分方程式に直面して行く手をさえぎられていたところだったのですが、ファニャノの論文集にヒントを得て道を開くことができました(第4章参照)。ファニャノが数学史上でもっとも輝いた瞬間です。

オイラーはファニャノに触発されて二篇の論文を書きました。それらを掲載したペテルブルク帝国科学アカデミー新紀要が刊行されたのは一七六一年です。ですから、ラグランジュがファニャノに論文を送付した時点では、ファニャノの論文集がオイラーにどれほど大きな衝撃を及ぼしたのか、ラグランジュは知る由もありませんでした。

このエピソードを別にすると、ファニャノは数学者としてどの程度の評価を得ていたのか、よくわかりません。ラグランジュが最初の論文の送付先にファニャノを選んだということは、イタリアでは相当に名の知られた数学者であったのかもしれません。

バシェとラグランジュ

ラグランジュの論文にはどれにも詳細な歴史的回想が伴っていて、とてもおもしろい読み物になっています。ラグランジュとともに不定方程式の問題の歴史を追ってみたいと思います。ラグランジュは論文「不定問題を整数を用いて解くための新しい方法」(一七七〇年)においてこう言っています。

ディオファントス解析の研究に携わってきた幾何学者たちの多くは、この傑出した創始者を範として、ひとえに非有理的な値を避けようと心掛けてきた。彼らのさまざまな方法の技巧はどれもみな、結局のところ、未知量が通約可能な数〔自然数の比の形の分数のこと〕を通じて決定可能となるようにすることに帰着するのである。

この種の諸問題の解決法は通常の解析学の諸原理以外の原理をさほど必要とするわけではない。だが、それらの原理は、求める諸量が単に通約可能であるというだけではなく、整数に等しいという条件を加えると、不十分なものになってしまう。

すばらしいディオファントスの註釈およびそのほかのさまざまな著作の著者、バシェ・ド・メジリアック氏こそ、この条件〔解を整数またはその分数に限ること〕を計算にのせようとした最初の人物であると私は思う。この学識豊かな人物は、二個もしくはもっと多くの未知数をもつあらゆる一次方程式を整数を用いて解くためのある一般的方法を発見した。だが、彼がそれよりもはるかに遠い地点にいたとは思われない。また、彼の後に同じテーマに打ち込んだ人々にしても、ほとんどみな研究を一次不定方程式に限定したのであった。彼らの努力は、結局のところ、この種の方程式の解法に役立ちうるいろいろな方法を変形することに帰着されるが、あえて言うならば、『数の織り成すおもしろくて楽しいいろいろな問題』と題する著作の中に記されているバシェの方法よりも直接的、一般的で巧みな方法をもたらした人物は皆無である。

ラグランジュの目に映じたバシェは、一次の不定方程式の解法を確立した人物です。ラグランジュは、不定方程式一般を解くことは通常の解析学の原理によって可能だが、解を整数に限るとそれだけでは不十分であるとも述べています。バシェやフェルマは当然のように整数の問題を考えていたのですが、ラグランジュは、それを特殊な条件と見ています。

さらにラグランジュは、バシェが一次不定方程式の解法を研究していたことはフェルマも知っていたはずなのに、フェルマは次数を高めて高次の不定方程式の解法を探究しようとはしなかったと指摘しています。

ペルの方程式は一般の二次不定方程式の解法の鍵をにぎっているとラグランジュは洞察しました。だからこそ、ペルの方程式を提示したフェルマは二次不定問題の一般理論を考えていたのではないかと推察したのですが、真相は不明です。

不定方程式へ向かう

以下は、『アリトメチカ研究』(第一部　一七七五年刊行、第二部　一七七七年刊行)に見られるラグランジュの言葉です。文字は整数を表しています。

一次式 $Bt+Cu$ は任意の数を表すことができる。ここで、B と C は任意の与えられた数であり、互いに素である。だが、二次式 $Bt^2+Ctu+Du^2$ については状勢は一変する。なぜなら、われわれがすでに示したように、方程式

$$A = Bt^2+Ctu+Du^2$$

が整数解をもつのは若干の特別の場合のみであり、与えられた数 A、B、C、D の間に一定の諸条件が成立するときに限られるからである。二次およびそれ以上の次数の式についてはなおさら同じことを言わなければならない。

続いて、こんなふうに語られています。

この問題はアリトメチカの最も興味深い問題の一つであり、また、わけてもそこに内包される種々の大きな困難のために、幾何学者たちの注意を引くだけの値打ちがある。

ディオファントスとバシェの著作やフェルマの「欄外ノート」に書かれていることが不定方程式の解法理論のように見えるのは、ラグランジュの視点に立つからです。ディオファントスとバシェ、それにフェルマが探究したのはどこまでも「数の性質」でした。それらをラグランジュは不定方程式という、いわば大きな風呂敷に包みました。その視点が継承され、今日では不定方程式を解くことが「数の理論」とみなされています。

素数の形状をめぐって

直角三角形の基本定理は

「$4n+1$ という「線形的形状」をもつ素数は、つねに x^2+y^2 という「平方的形状」をもつ」

と言い換えることができます。「線形的形状」は一次式で表される形、「平方的形状」は二次式で表される形という意味です。これが素数の形状理論の視点から見た直角三角形の基本定理です。

ラグランジュは、フェルマがはじめて発見した諸定理（コラム6-4）を書き並べたうえで、次のように言っています。

フェルマ氏はこれらの定理の証明を与えなかった。（中略）だが、オイラー氏はその埋め合わせを企図して、実際にははじめの二定理と、それに第三番目の定理の証明にも成功した。ただし、これまでのところではははじめの二定理の証明だけしか公表されていない。

（『アリトメチカ研究』第二部）

ラグランジュが展開した基本的なアイデアは、すでにオイラーによる「直角三角形の基本定理」の証明に宿っていました。オイラーが問題にしたのは、二次式 $t^2 + au^2$ の奇約数の形状で

コラム 6-4　フェルマによる素数の形状についての定理

(1) $4n+1$ という形のあらゆる素数は y^2+z^2 という形である．

(2) $6n+1$ という形のあらゆる素数は y^2+3z^2 という形である．

(3) $8n+1$ という形のあらゆる素数は y^2+2z^2 という形である．

(4) $8n+3$ という形のあらゆる素数は y^2+2z^2 という形である．

(5) $8n\pm1$ という形のあらゆる素数は y^2-2t^2 という形である．

〔註．z ではなく t が使われているのは原文の通り〕

(6) $4n+3$ という形であって，しかも末尾の数が 3 もしくは 7 であるような二つの素数の積はつねに y^2+5z^2 という形である．特に，そのような数の各々の平方もまた y^2+5z^2 という形である．

す。aは整数で、直角三角形の基本定理は$a=1$の場合に該当します。オイラーは$a=1,2,3$の場合に成功しましたが、ラグランジュは大きく歩を進めて完全な決定を遂行しました。

二つの異なる奇素数間の相互法則

奇数の素数は、「$4n+1$型」と「$4n+3$型」の二つに大きく区分けされます。ラグランジュは素数の形状の一般理論を構築しようとしましたが、成功したのは$4n+3$型の素数に対してのみで、$4n+1$型の素数にまでは及びませんでした。そこに着目したのがルジャンドルです。

ルジャンドルは、二つの異なる奇素数の間の相互法則を提案しました（コラム6-5）。ここではじめてルジャンドルの記号が導入されました。$4n+1$型の素数と$4n+3$型の素数の間に交通路を開くことによって、$4n+3$型の素数を対象とするラグランジュの理論を$4n+1$型の素数にも適用できるようにしようというのでした。実に卓抜なアイデアで、証明も試みたのですが、惜しいことに正確な証明にはいたりませんでした。うまくいかないところに次の世代のガウスが現れ、ガウスに証明の欠陥を指摘されて、訂正を繰り返すという出来事もありました。

　-1 が余る）とき，$\left(\frac{a}{p}\right)=-1$

と定めました．これがルジャンドル記号の原型です．

ルジャンドルの「二つの異なる奇素数の間の相互法則」とは，

$$\left(\frac{q}{p}\right)\left(\frac{p}{q}\right)=(-1)^{\frac{p-1}{2}\cdot\frac{q-1}{2}}.$$

p と q の少なくとも一方が $4n+1$ 型の素数なら，べき指数は偶数になりますから，右辺は $+1$ です．それ以外の場合にはべき指数は奇数ですから，右辺は -1 になります．

ところで，フェルマの小定理との関連で，「$a^{\frac{p-1}{2}}$ を p で割るときに 1 が余ること」と「a が p の平方剰余であること」は同等です（これは証明を要する命題ですが，今日の数論では「オイラーの基準」と呼ばれています）．そこで，コラム 6-3 で見たような形に，ルジャンドルの記号の定義を変更することができます．

コラム6-5　二つの奇素数間の相互法則

フェルマの小定理(第2章参照)は，$a^{p-1}-1$が奇素数pで割り切れることを教えています．$p-1$は偶数であることに着目すると，

$$a^{p-1}-1=(a^{\frac{p-1}{2}}-1)(a^{\frac{p-1}{2}}+1)$$

と因数分解されます．これが素数pで割り切れるのですから，二つの因子のどちらか，しかもどちらか一方のみがpで割り切れることがわかります．そこでルジャンドルは，

$a^{\frac{p-1}{2}}-1$がpで割り切れる($a^{\frac{p-1}{2}}$をpで割るときに1が余る)とき，$\left(\frac{a}{p}\right)=+1$,

$a^{\frac{p-1}{2}}+1$がpで割り切れる($a^{\frac{p-1}{2}}$をpで割るときに

ルジャンドル

アドリアン＝マリ・ルジャンドルの生い立ちはよくわからないことが多く、書くべきことがほとんどありません。一七五二年九月十八日に生れ、一八三三年一月十日に亡くなったことは判明しています。パリで生れたことになってはいますが、トゥールーズ生れとも言われています。

ルジャンドルは裕福な家庭に育ち、数学と物理の研究に打ち込んですごしました。一七七五年から一七八〇年まで軍事学校で教えましたが、この時期の同僚にラプラスがいました。この職を得たのはダランベールのアドバイスのおかげです。

一七八二年、ベルリンの科学アカデミーが出している賞に応募して当選しました。そこでラグランジュはこの若い数学者に興味を抱き、ラプラスに問い合わせ、ルジャンドルを知りました。

ガウスとルジャンドル

ガウスは平方剰余相互法則をオイラーの発見もルジャンドルの発見も知らずに独自に発見し、

これを「平方剰余の理論における基本定理」と呼びました。論理的な視点から見ると、ルジャンドルの相互法則とガウスの基本定理は同じものですが、「何を知りたいのか」という点に目を注ぐと、ルジャンドルの関心は素数の形状にあり、ガウスの関心は平方剰余にあるのですから、この二つはまったく別のものと受けとめなければなりません。

素数の形状理論はルジャンドル以後は忘れられてしまいましたが、「相互法則」という、ルジャンドルが提案した言葉は今も生きています。また、ガウスが提案した「基本定理」という言葉は今ではもう使われることがありませんが、「平方剰余」は今日の数論の基本用語の一つです。ルジャンドルの「相互法則」とガウスの「平方剰余」が組み合わされて、「平方剰余の相互法則」という、今日の用語ができあがりました。名は体を表すといいますが、「平方剰余の相互法則」の一語には、素数の形状理論と平方剰余の理論という二つの体が共存しています。

四次のべき剰余相互法則と複素数

《数学日記》より

ガウスは平方剰余相互法則を発見した当初から三次以上の高次べき剰余の理論に関心を寄せ、その領域にも基本定理が存在することを早々に感知した模様です。

整数 a と自然数 b に対し、もし合同式

$$x^n \equiv a \pmod{b}$$

が解をもつなら、そのとき「a は b の n 次のべき剰余」であるといいます。$n=2$ のときは「平方剰余」です。

四次のべき剰余相互法則に関する記事をガウスの《数学日記》から拾いたいと思います。

三次および四次の剰余に関する理論が開始された。（一八〇七年二月十五日）

二月十七日にはずっときれいに完成されて姿を現わした。証明はなお欠けている。（一八〇七年二月十七日）

今やこの理論の証明が、ある非常に優美な方法によってみいだされ、すっかり完成した。これ以上望むべきことは何も残されていない。かくして同時に、平方剰余と平方非剰余が著しく明瞭にされるのである。（一八〇七年二月二十二日）

「すっかり完成した」と言っていますが、実際には完成したというには遠く、ガウスの探究はさらに続きました。

ソフィー・ジェルマンへの手紙

一八〇七年四月三十日の日付で書かれたパリのソフィー・ジェルマンに宛てたガウスの手紙が遺されています（コラム6-6）。ソフィーは数学を愛好する女性で、ガウスを尊敬し、手紙の

コラム 6-6　ガウスからソフィー・ジェルマンへの手紙（1807年4月30日）

ちょうどこの冬のことですが，数の理論にまったく新しい部門を添えることに成功しました．それは3次剰余と4次剰余の理論なのですが，完成度が高まって，平方剰余の理論が到達したのと同程度になりました．（中略）2, 3の特別の定理をここに挙げておきます．ささやかな雛形の役割を果たしてくれるでしょう．

p は $3n+1$ という形の素数としましょう．2（言い換えると $+2$ と -2）は，もし p が $xx+27yy$〔x^2+27y^2〕という形になるなら p の3次剰余ですが，もし $4p$ がこの形にならないなら，p の3次非剰余になると私は主張します．たとえば，7，13，19，31，37，43，61，67，73，79，94〔原文のまま．94は素数ではありません〕のうち，$31=4+27$，$43=16+27$ だけが見つかって，$2\equiv 4^3$ (mod. 31)，$2\equiv(-9)^3$ (mod. 43) となります．

p は $8n+1$ という形としましょう．$+2$ と -2 は，p が $xx+64yy$〔x^2+64y^2〕という形であるか否かに応じて，p の4次剰余であるか，あるいは4次非剰余であると私は主張します．たとえば，数17，41，73，89，97，113，137のうち，$73=9+64$，$89=25+64$，$113=49+64$ だけが見つかって，$25^4\equiv 2$ (mod. 73)，$5^4\equiv 2$ (mod. 89)，$20^4\equiv 2$ (mod. 113)〔原文のまま．正しくは $27^4\equiv 2$ (mod. 113)〕となります．

やりとりをする一時期がありました。

この手紙の中でガウスが示している例について、説明を加える必要はないでしょう。+2と−2はどのような素数の三次のべき剰余もしくは四次のべき剰余になるのだろうかという問題が探究されて、四次のべき剰余の相互法則の断片がみいだされた当時の様子がありありと伝わってきます。

ガウスはこの年一八〇七年にゲッチンゲン大学から天文学教授として招聘を受け、家族とともにゲッチンゲンに向かいました。

四次のべき剰余相互法則の発見

一八一三年十月二十三日、ガウスは子どもの誕生と四次のべき剰余相互法則の発見を同時に告げました。

四次剰余の一般理論の基礎を確立しようとして、およそ七年間にわたってこのうえない情熱を傾けて探究を続けたが、何も実を結ばずに終わるのが常であった。それを、幸福なことに、わたしたちに息子が生れたのと同じ日についに明るみに出した。

子どもの名はヴィルヘルム・アウグスト・カール・マティアス。四次のべき剰余相互法則が実際に論文の形になったのははるかに後年のことで、一八二八年になってようやく第一論文が公表され、第二論文の公表はさらに四年後の一八三二年になりました。ガウスはすでに五十五歳です。平方剰余相互法則の第一補充法則を発見して、高次べき剰余相互法則の存在を感知した十七歳のころに立ち返ると、この間、実に三十八年の歳月が流れています。なお、三次のべき剰余の理論については、遺稿の中に断片的なノートが散見されるのみに留まっています。

二篇の論文には証明は欠如しています。ガウスは発見した事実と、発見にいたる道筋のみを伝える決意をしたのでしょう。遺稿の中に正確な証明のスケッチがありますが、ガウスにはなお不満があり、公表にいたらなかったのであろうと思われます。

四次のべき剰余相互法則の発見の要点は数域の拡大にあります。第二論文から引用します。

一般理論の真実の泉の探索は、アリトメチカの領域を拡大して、その中で行わなければならないという確信に到達した。

詳しく言うと、これまでに究明されてきた諸問題では、高等的アリトメチカは実整数のみを取り扱ってきたが、四次剰余に関する諸定理はアリトメチカの領域を虚の量にまで広げて、制限なしに、$a+bi$という形の数がアリトメチカの対象となるようにしてはじめて、際立った簡明さと真正の美しさをもって明るい光を放つのである。

四次のべき剰余相互法則は通常の整数域では見つからず、数域を拡大しなければならないという主旨の言葉です。ここでaとbは整数、$i=\sqrt{-1}$であり、$a+b\sqrt{-1}$という形の数は「ガウス整数」と呼ばれます。

ガウス平面

ガウスは、複素数というものの理解を深めるための一案を提示しました。それが複素平面です。複素平面はガウス平面と呼ばれることもあります。

実量はどれもみな、二方向に限りなく伸びる直線上に任意に取った始点から、単位として設定した線分を基準にして測定して切り取られた線分により表示される。したがって、その切り取られた部分のもう一つの端点により表示される。その際、始点から見て一方の側は正量を表し、もう一方の側は負量を表す。

と、数直線の説明をした上で、次のように述べます。

まさしくそのように、各々の複素量は無限平面上の点により表示される。その無限平面上では、ある定直線が実量の表示に用いられる。すなわち、複素量 $x+iy$ は、その切除線が x に等しく、その向軸線が(切除線が切り取られる直線の一方の側を正に取り、もう一方の側を負に取ることにして、その線から見て) y に等しい点によって表示される。

この状況は、オイラーが曲線を関数のグラフとして把握しようとしたときのアイデアと同じです。複素数は二つの実数 x と y を組み合わせて作られていますから、x を切除線、y を向軸線と見ることにすれば、複素数 $x+iy$ に対応して平面上の点 $\mathrm{M}(x, y)$ の位置が定まります。ただし、今日の流儀のように、「平面上に直交する二本の無限直線」と書いているわけではありません。肝心なのは（実量を表す直線に垂直な二方向に向かう）「虚の単位」というアイデアで、このアイデアがあれば複素平面は定まります。

虚数が主役

ガウスはまたこう言っています。

虚量の理論を取り囲んでいると信じられているさまざまな困難の大部分は、あまり適切とは言えない呼び名に由来する（しかも、ありえない数などという、不快な響きをもつ名前を用いた人もいた）。二次元の多重形成体（空間を直観してきわめて純粋に感知されるような）が提供してくれる観念から出発し、正の量を順量、負の量を逆量、虚の量を側量と名づければ、煩雑さに代って単純さが得られ、曖昧さの代りに明晰さが得られる。

ガウスの四次のべき剰余に関する思索が端緒を開き、代数的整数論という理論が生れました。主だった担い手の名前を挙げると、ガウス以降、ヤコビ、ディリクレ、クロネッカー、クンマー、ウェーバー、ヒルベルトと続き、その次に高木貞治が登場し、類体論を建設しました。一八〇一年のガウスの著作『アリトメチカ研究』から高木の主論文が出るまで、おおよそ百二十年ほどの歳月が流れています。この流れの中で、虚数は一貫して主役の位置を占め続けています。

第7章　無限小の軛（くびき）
――コーシー、デデキント、ディリクレ、リーマン、カントール

微積分はデカルト、フェルマ、ライプニッツからベルヌーイ兄弟へ、そしてオイラーへと手渡されていく中で壮麗な建築物に成長した理論体系です。その土台に位置するのが、無限小という、神秘感に包まれた不思議な概念でした。

ラグランジュとコーシーは、無限小を排除するために関数の一般概念から出発し、論理の連鎖のみを頼りにして、さながら空中に楼閣を築こうとするような議論を重ねていきました。

関数の微分とは

オイラーが三種類の関数概念を提案したことは第4章で語った通りです。式の形に表された関数(第一の関数)であれば、与えられた変化量の微分と呼ばれる無限小変化量の作り方を指示することにより、微分計算の道筋は簡明に規定されます。ところが「ある変化量の変化に依存して変化する変化量」(第二の関数)や、「切除線に対する向軸線の対応の仕方だけが規定される関数」(第三の関数)では、微分の意味合いはとたんに不明瞭になってしまいます。そのために関数の微分や積分ということを再考することが要請されるようになりました。

ラグランジュの解析関数

オイラーを継承したラグランジュは無限小を嫌い、足枷（あしかせ）のように思い、排除しようとしました。一七九七年の著作『解析関数の理論』において、この企てを実行するため、関数を無限級数で表す理論展開を試みました。関数を変数のべき乗の無限個の和、無限級数で表すテイラー級数は、関数概念に先立って、微積分の黎明期にすでに現れていました（コラム７－１）。ニュートンもよく知っていましたし、ライプニッツもベルヌーイ兄弟も、それにオイラーもまた熟知していました。今日の微積分の教科書にも掲載されていて、関数の諸性質を究明するための土台になっています。

あらゆる関数が自由にテイラー級数に展開できるわけではないのですが、ひとまずテイラー級数による関数の表示を受け入れることにすると、関数をさながら無限個の項をもつ多項式のように見ることになります。そうすると無限小の観念に由来する神秘感は消失し、微分と積分の計算は簡単な四則演算に帰着されてしまいます。無限級数の微積分は、無限級数を作る項ご

コラム 7-1　テイラー級数

関数 $f(x)$ は実数直線上の開区間で定義されているとし，無限回微分可能とします．すなわち，1 階導関数 $f'(x)$，2 階導関数 $f''(x)$，…，n 階導関数 $f^{(n)}(x)$，…が存在するとします．このとき，この関数が定義されている区間内の点 a に対し，無限級数

$$f(a)+\frac{f'(a)}{1!}(x-a)+\frac{f''(a)}{2!}(x-a)^2+\cdots+\frac{f^{(n)}(a)}{n!}(x-a)^n+\cdots$$

を作ることができます．ここで，$f'(a)$ は $f(x)$ の $x=a$ における微分係数，$f''(a)$ は $f(x)$ の $x=a$ における 2 階微分係数，一般に $f^{(n)}(a)$ は $f(x)$ の $x=a$ における n 階微分係数です．

この無限級数は収束することもあれば，収束しないこともあります．収束する場合には何らかの関数を表しますが，その関数は $f(x)$ と一致することもあれば，一致しないこともあります．一致する場合には，この無限級数を関数 $f(x)$ の a におけるテイラー級数といい，「関数 $f(x)$ は a のまわりでテイラー展開される」といいます．

特に $a=0$ と取れる場合には，0 を中心とするテイラー級数が生じます．これはマクローリン級数と呼ばれています．

とに行うことにすればよいからです。これがラグランジュのアイデアです。

一方、オーギュスタン＝ルイ・コーシー（一七八九―一八五七）は、無限小の概念を放擲したいという気持ちはラグランジュと共有していましたが、無限級数の収束性の問題を気に掛けていました。無限級数には収束するものとしないものがあり、収束しない無限級数は何物でもありえません。コーシーが採用したのはオイラーの第二の関数ですが、それらはテイラー級数で表されることもあれば表されないこともあります。コーシーは『エコール・ポリテクニクの解析教程』（一八二一年）などで、次のような所見を表明しました。「テイラーの定理により関数の収束級数への展開が与えられるように見えても、その級数の和は提示された関数とは根本的に異なっていることがある」。ラグランジュの著作は四半世紀もたたないうちに、次の世代のコーシーの批判に遭遇したのでした。

コーシー

とはいえラグランジュの理論が有効性を保持する

場合もあります。それはテイラー展開がつねに可能な関数、すなわち今日の微積分で「解析関数」と呼ばれる関数を対象とする場合です。今日の解析関数という言葉はラグランジュの著作の書名に由来します。

極限をとる論法

オイラーの第二の関数に対しコーシーは、「極限」の概念に基づいて「関数の微分」を直接定義しました(コラム7-2)。この流儀では、関数$y=f(x)$の導関数を表す$\frac{dy}{dx}$という記号はそれ自体で一つのまとまった意味をもちます。したがってdxとdyに固有の意味はなく、「dyをdxで割って得られる量」を考えているのではないことになります。無限小概念はこうして微積分の表舞台から姿を消しました。

無限小量というのは「どのような量よりも小さい量」ですから0と同じことで、無限小量による無限小量の割り算は「0で0を割る」ことになります。$\frac{0}{0}$という分数には意味はないという批判は微積分の黎明期からすでに見られましたが、この批判に対し、オイラーは「それはその通りだ」ときっぱりと応じ、そのうえで、われわれが関心を寄せるのは「0を0で割る」

コラム 7-2　コーシーによる関数の微分可能性の定義

x は変化量とし，$y=f(x)$ は x の関数とします．ここでいう関数はオイラーの第二の関数ですから，y もまた変化量であり，x が変化するのに応じて y もまた変化するという状況が想定されています．もう一つの変化量 h を導入して二つの変化量の比

$$\frac{f(x+h)-f(x)}{h}$$

を作り，h を限りなく小さくしていくとき，この比の極限が存在するなら，この関数は「x において微分可能」といい，その極限値を $\frac{dy}{dx}$ と表記し，関数 $y=f(x)$ の導関数と呼びます．

こと自体にあるのではないと言い添えました。なるほど「0を0で割る」ことに意味はないかもしれないが、「0と0の比」は有限の値をもつことがある。われわれの関心を引くのはその有限値なのだというのがオイラーの言い分です。これはオイラーの解析学三部作の一つ『微分計算教程』(一七五五年)の序文に記されています。接線の傾きのことなどを思い浮かべると、オイラーの言葉に合点がいくのではないかと思います。

オイラーは「無限小による無限小の割り算」を平然と考えていましたが、同時に、真に重要な意味をもつのは「無限小と無限小の比の値」であることも認識していました。この割り算は相手が第一の関数ならば相当に広い範囲で遂行されますが、第二、第三の関数に対しては計算の手段がありません。何かしら新しい工夫が要請される場面ですが、無限小を無限小で割るのをやめて、オイラーのいう「無限小と無限小の比」を直接規定しようとするのはおもしろいアイデアです。コーシーは極限の概念を土台に据えて、オイラーが指し示した方向に忠実に歩を進めたのでした。

なお一歩を進めてオイラーの第三の関数 $y=f(x)$ を考えると、規定されているのは、指定された x に対して y が定まる様式のみです。x には自発的に変化する力が内在していないのですから、「限りなく近づく」という言葉が意味をもたなくなります。そこでまた言い回しが工夫されて、イプシロン・デルタ論法という静的な文言が用いられるようになりました。

イプシロン・デルタ論法

今日の微積分では、関数の連続性を定義するのにイプシロン・デルタ論法が用いられます。$f(x)$は実数直線上のある開区間において定義されているとし、aはその定義区間内の点とします。正数ε（イプシロン）が任意に与えられたとき、それに対応して正数δ（デルタ）を適当にとって、

　　不等式$|x-a|<\delta$をみたすすべてのxに対して、不等式$|f(x)-f(a)|<\varepsilon$が成立する。

とすることができるとき、この状況を指して、「関数$f(x)$はaにおいて連続である」と言い表します。

xは、指定された不等式をみたす数を表す記号ですから、それ自身が変化するわけではあり

ません。これに対し、コーシーのように「ある変化量 x の変化に応じて変化する他の変化量 $y=f(x)$」を関数と見るという立場に立つなら、「x が a に向かって限りなく近づいていくとき、$f(x)$ もまた限りなく $f(a)$ に近づいていく」という状況を指して、$f(x)$ の a における連続性を規定することが考えられます。実際、コーシーはそうしていました。その場合には、この定義とイプシロン・デルタ論法による定義が意味する事柄は合致します。

イプシロン・デルタ論法による連続性の定義は、関数の概念の一般化が進み、定義域に所属する数が変化量と考えられなくなったことに対応して考案された表現上の工夫です。

こんなふうに、一般化されていく関数概念にどこまでも追随して、微分に意味をもたせようとする言葉の工夫が重ねられていきました。

積分と取り尽くし法

コーシーはさらに、極限の概念に基づいて定積分の概念を規定しようとしました。曲線で囲まれた領域を、それに内接もしくは外接する多角形で近似するという近似計算法の一種です。

そのようにして複雑な形の図形の面積や体積を算出するというアイデアは、古代ギリシアにもすでに存在しました。アルキメデスが放物線の求積に成功したのがこの方法です。高木貞治『解析概論』(第三章「積分法」)にしたがって紹介します(図7-1)。

放物線を弦ABで切り、その中点Mを通る径をOM(Oは弦ABと平行な直線が放物線と接する点)とすると、放物線と弦で囲まれる領域の面積Sは三角形OABの面積の$\frac{4}{3}$に等しいというのが、アルキメデスの発見です。アルキメデスは、求積の対象となる領域に内接する三角形を次々と作り、それらを合わせるとしだいに領域全体が覆われていくようにしました。領域の面積は内接三角形の面積の総和の極限値として把握されるであろうと見るところにアルキメデスのアイデアが見られるのですが、この方法は「取り尽くし法」と呼ばれることがあります。

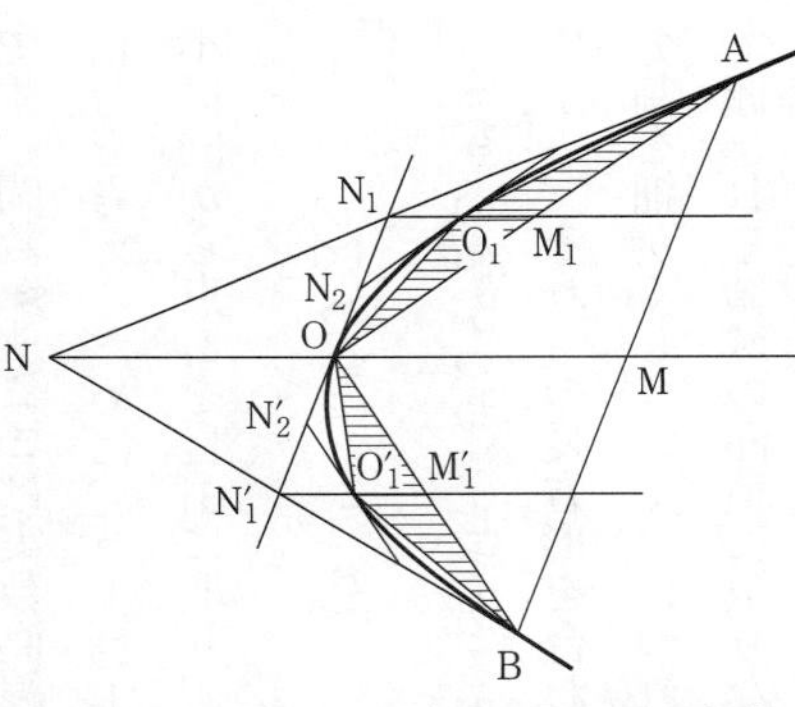

図7-1　アルキメデスが求めた放物線で囲まれる面積(高木貞治『定本 解析概論』より)

コーシー-リーマンの和

コーシーによる定積分の定義も取り尽くし法の一種

です。関数$y=f(x)$は実数直線上の区間$[a,b]$において連続とし、この区間における$f(x)$の定積分を考えるために、コーシーは区間$[a,b]$をn個の小区間x_0、x_1、…、x_nに分割し、各々の小区間から点ξ_iを自由に取り、「コーシー‐リーマンの和」と呼ばれる和を作りました。

$$\sum_{i=0}^{n-1} f(\xi_i)(x_{i+1}-x_i)$$

$f(x)$の値がつねに正である場合を考えてみると、この和は有限個の長方形の面積の総和ですから、それらの長方形を合わせて形成される多角形の面積と同じです(図7-2)。小区間への分割を細かくしていくのにつれて、関数$y=f(x)$とy軸と平行な二本の直線$x=a, x=b$とx軸で囲まれる領域の面積に限りなく近づいていくような感じがします。

コーシーは、「関数$f(x)$の区間$[a,b]$における定積分」を次のように定義しました。

区間$[a,b]$の細分を限りなく細かくしていくとき、この和が一定の極限に収束していくならば、$f(x)$は$[a,b]$において積分可能であるといい、その極限値を

$$\int_a^b f(x)\,dx$$

という記号で表します。これが定積分です。

ライプニッツは曲線に接線が引かれた状況を想定し、その観察の中から微分計算の公理系を抽出しましたが、コーシーは多角形で近似される領域のイメージを道案内にして、関数の定積分の概念を書きました。しかし、実際にはコーシーは「コーシー－リーマンの和」を書き下すだけで、面積を語りません。逆に、面積のほうが定積分により定義されます。このあたりの消息も接線と微分の関係に似ています。幾何学的直観に訴えかけるような文言は徹底的に退けて、どこまでも論理と数式だけで押し通そうとしたところに、コーシーの試みの面目が現れています。

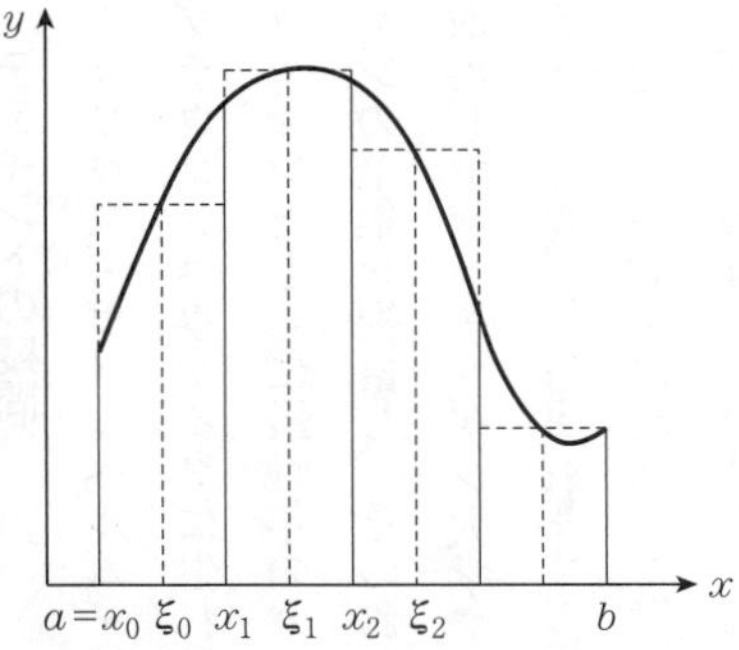

コーシーが取り上げたのは連続関数のみでしたが、後で語るようにリーマンは必ずしも連続とは限らない有界関数の定積分を考察しました。コーシー－リーマンの和という言葉は、このような歴史的経緯に由来します。

図 7-2　コーシー－リーマンの和

デデキントの疑問

ユリウス・ヴィルヘルム・リヒャルト・デデキントは、一八三一年十月六日にガウスと同じブラウンシュヴァイクに生れた数学者です。リーマンより五歳下ですが、ゲッチンゲン大学でリーマンとともに最晩年のガウスに学びました。リーマンの没後にはウェーバーとともにリーマンの全集を編纂し、そのおりにリーマンの小さな伝記を書いています。卒業後、教授資格を取得してゲッチンゲン大学で私講師(ドイツの大学に独自の制度で、資格試験に合格すると大学で講義を行う資格が授与されます)になり、それから一八五八年の夏、スイスのチューリッヒのスイス連邦工科大学に赴任して微分法を教えることになりました。ここにおいて若いデデキントが直面したのは、数の理論には科学的な基礎が欠けているのではないかという疑問でした。

コーシーのように、極限の理論の上に微分法を構築しようとするとき、根幹に位置するのは「単調に増大し、上方に有界な数列は収束する」という命題であるというのがデデキントの認識でした。ここで、「単調に増大」とは、数列の項が常に前の項より大きい(小さくならない、としてもよい)ということで、また「上方に有界」とは、ある数Mがあり、いま考えている数列のどの数もMより小さい、ということを意味します。

「単調に増大する」というところを「単調に減少する」に変えても状況は同様で、「単調に減少する下方に有界な数列は収束する」という言明が可能です。二つを合わせると、「有界な単調数列は収束する」という簡明な命題が成立します。あたりまえのように見える命題ですが、単調で有界という性質が数列に附与されているだけで、極限値の存在が主張されるのですから、不審なことは不審です。数列の収束性をイプシロン・デルタ論法で語ろうとする場合には、極限値の候補があらかじめ指定されていますが、極限値の存在それ自体は何によって支えられているのでしょうか。

デデキント

コーシーの道しるべ

デデキントは、これを説明するのに幾何学的直観に助けを借りるのでは科学的とは言えない、そこで「無限小解析(微積分)の原理の純粋に数論的な全く厳密な基礎を見いだすまではいくらでも永く熟考しようと固く決心した」(河野伊三郎訳『数について』より。以下、デデキントの言葉はここから引用します）というのです。微分学が連続的量を取扱うとは、しばしば言われているにもかかわらず、その連続性ということの説明はどこにも与えられていないとデデキントは指摘して、こんなふうに言葉を続けています。

微分学の最も厳密な叙述といっても、その証明は基礎を連続性におかず、幾何学的な、または幾何学によって生ぜしめられた表象の意識に多かれ少なかれ訴えるか、またはそれ自身いつになっても純粋に数論的に証明されないような定理に基づいているかのいずれかである。

たとえば、関数$y=f(x)$の微分可能性を考える場合に、先のコラム7-2のように商をつくってその極限をとりますが、どうして微分可能性をこのように定義するのか、定義の文言を見ただけでは何もわかりません。そこで、関数$y=f(x)$のグラフを描き、その上に二点P$(x, f(x))$, Q$(x+h, f(x+h))$を定め、この二点を直線で結びます。幾何学的な表象が意識のカンバスに明瞭に描かれます。ここでhを小さくしていくと、直線の傾きがしだいに変化して、極限状態において点Ｐにおける接線に重なり合うような印象を受けます。この印象はきわめて明晰で、疑いを挟む余地はありません。その印象に基づいて、関数の微分可能性とは、要するに曲線の接線の傾きを知るための手続きであろうという認識が生れます。微分可能性は、曲線とその接線という表象に訴えて理解されていることになります。

幾何学的なイメージと無縁の場所に関数の微分の理論を構成しようというところにコーシーのねらいがあったのですが、コーシーの真意とは裏腹に、接線のイメージはいつまでも微分法につきまとって離れません。微分法の出所が曲線の理論であることを思えば無理からぬことではありますが、デデキントはコーシーが示した道しるべに沿ってなお一歩を進め、微積分の基礎として、幾何学的なイメージではなく、「純粋に数論的な全く厳密な基礎」を見つけたいと願いました。

数とは何か

数列の収束を語るのであれば、極限値、すなわち数列がどこまでも近づいていく一個の数の存在を想定しなければなりませんし、極限値の存在を証明するには、数というものの実体が明らかになっていなければなりません。

デデキントがこの思索を始めたのは一八五八年の秋のことで、満二十七歳になってまもない同年十一月二十四日に成功し、その数日後に、熟考の結果を親友のデュレージに打ち明けました。「永い活発な会話を引き起こした」ということです。デデキントは、「有理数の切断」というアイデアに基づいて「数」の定義を考案しました。そうすることによって、「数とはこのようなものである」ということを言葉で記述することができるようになりました。そうして、収束する点列が向かって行く先で待ち構えている数の姿が実際に見えるようになり、「単調に増大する有界数列は収束する」という命題の証明が可能になりました。これでようやく微分法は厳密な学問になった、というのがデデキントの考えです。

公表にあたって長い逡巡の歳月が流れましたが、いよいよ決意を固め、『連続性と無理数』を著しました。序文には一八七二年三月二十日という日付が記入されています。数の連続性の本質を発見したという確信を抱いたときから十四年の歳月が流れ、デデキントは四十歳になっていました。

おりしも、ハイネ（ドイツの数学者）の論文「関数論の基礎知識」が送られてきました。見ると、それはデデキントの思索の結果とまったく同じものでしたが、デデキントの叙述のほうが形式の面から見ていっそう簡明であり、「その本来の核心をいっそう精密にはっきりと示している」ことがすぐにわかりました。

これに加えて、カントール(無限集合論で名高いドイツの数学者)の論文「三角級数論からの一定理の拡張について」も送付されてきました。急いで通読したところ、形式は異なっているものの、連続性の本質としてデデキントが述べたものと同じことが書かれていました。

十九世紀の後半期には数学の厳密化ということに関心を寄せる傾向が強まったようで、ヴァイエルシュトラスやメレーなども、それぞれの流儀で「数」を把握する試みを提案しました。

フーリエの宣言

カントールの論文の題に「三角級数」という言葉が見られます。三角級数とは、三角関数を用いてつくられる無限級数のことで、今日ではフーリエ級数と呼ばれています。このタイプの無限級数を提示したフランスの数学者ジャン・バチスト・フーリエ(一七六八―一八三〇)の名に由来する呼称です。

金属板のような熱を伝えやすい物体を熱したとき、熱が伝わる様子は、熱伝導方程式と呼ばれる偏微分方程式で記述されます。この方程式の解を求めるためにフーリエが導入したのがフーリエ級数です(コラム7-3)。フーリエは『熱の解析的理論』(一八二二年)において「フーリエ級数により、まったく任意の関数を表示することができる」と明言し、証明さえ試みたのですが、今日のフーリエ解析のはじまりを告げるあまりにも大胆な宣言でした。

ディリクレの「関数」

フーリエの著作を見ると、フーリエのいう「まったく任意の関数」というのは、オイラーの第三の関数と同じものであることがわかります。「数 x に対して数 y が対応する」という対応自体を「関数」と呼ぶことを、はじめて明示的に提案したのは、ペーテル・グスタフ・ルジューヌ・ディリクレ(一八〇五−一八五九)でした(「まったく任意の関数の、正弦級数と余弦級数による表示について」一八三七年)。その際、x に対応する y はただ一つであることという「一価性条件」が課されましたが、それはフーリエ級数展開が念頭にあるためです。フーリエ級数に展開される関数は必ず一価だからです。

コラム 7-3　フーリエ級数展開

実数直線上の区間$[-\pi, \pi]$において定義された関数$f(x)$は，一定の条件のもとで

$$f(x)=\frac{a_0}{2}+a_1\cos x+b_1\sin x+\cdots+a_n\cos nx+b_n\sin nx+\cdots$$

という形の級数に展開されることがあります．この級数がフーリエ級数です．係数a_n, b_nは，積分を用いて

$$a_n=\frac{1}{\pi}\int_{-\pi}^{\pi}f(x)\cos nx\,dx\ \ (n=0,1,2,\cdots)$$

$$b_n=\frac{1}{\pi}\int_{-\pi}^{\pi}f(x)\sin nx\,dx\ \ (n=1,2,\cdots)$$

と表示されます．この表示は，等式

$$f(x)=\frac{a_0}{2}+a_1\cos x+b_1\sin x+\cdots+a_n\cos nx+b_n\sin nx+\cdots$$

の両辺に$\cos nx$，$\sin nx$（$n=1,2,3,\cdots$）を乗じ，その後に両辺を$-\pi$からπまで積分すれば得られます．

テイラー展開の場合と同様，関数のフーリエ展開の可能性については精密な吟味が要請されます．フーリエ級数の係数は積分で表されますが，フーリエは定積分の記号を今日のように書いた一番はじめの人でした．

ディリクレはドイツの数学者ですが、若い日にパリに留学し、フーリエのもとで数学を学んだ経験の持ち主です。

フーリエの『熱の解析的理論』が刊行されたのは一八二二年ですが、その前年にはコーシーの『解析教程』が出ています。コーシーが無限級数の取扱いの場では非常に細かく気を配り、収束する級数と収束しない級数を厳密に区別したのに対し、フーリエにはフーリエ級数の収束性を気に掛けている様子は見られません。また、フーリエには熱伝導のような物理現象に寄せる関心が顕著であるのに対し、コーシーの関心は純粋数学の世界に限定されています。お互いにまったく無関心のように見えるのですが、いかにも不思議な状況です。ディリクレは双方の影響を受けたようで、フーリエ級数の収束性の確認に強い関心を示しました。

ディリクレは相当に早いころから抽象的な関数概念を手中にしていた模様です。たとえば、「xが有理数のときはある定数cに等しく、xが無理数のときは他の定数dに等しい」という、きわめて抽象度の高い関数を紹介しています（「与えられた限界の間の任意の関数を表示するのに用いられる三角級数の収束について」一八二九年）。今日「ディリクレの関数」と呼ばれる関数です。

リーマンの積分

フーリエ級数の係数を求める積分をどのように理解したらよいのかという問題に対し、コーシーは一つの解答を提案しましたが、「まったく任意の関数」のフーリエ級数展開をめざそうとするフーリエの視点から見ると、コーシーの積分は連続関数に限定された点に不満がありました。ディリクレの次の世代のリーマンはコーシーの定義の拡大を提案し、有界関数の定積分を提案しました。それが今日の「リーマン積分」の原型です。

積分が定義されるとフーリエ級数を書き下すことができますが、はたして収束するか否か、収束するとすれば各点収束なのか、一様収束なのか、収束しない点はどのように分布しているのか、収束するとしても、その極限は元の関数と一致するのかどうか、等々、基本的な問いに相次いで直面します。コーシーが提案した微積分の再構築のアイデアの真価が、フーリエ級数を対象にして問われているかのような印象があります。

リーマン

ゲオルク・フリードリヒ・ベルンハルト・リーマンは、一八二六年九月十七日にドイツのエルベ河畔のブレゼレンツという村に生れた人です。一八四六年にゲッチンゲン大学に入学し、翌一八四七年の春、あちこちの大学を遍歴するというドイツの大学生の習慣にしたがってベルリン大学に移り、そこでディリクレの講義を聴きました。一八四九年、ゲッチンゲンにもどり、一八五一年、「一個の複素変化量の関数の一般理論の基礎」という論文を提出し、ガウスの審査を受けて学位を取得しました。

一八五四年六月十日、ガウスの前で教授資格取得のための試験講演を行い、合格しました。講演のテーマは「幾何学の根底に横たわる仮説について」というもので、これが今日リーマン幾何学と呼ばれる幾何学の土台になりました。リーマンが提出した三つの講演題目の中からガウスが選定したのがこの講演でした。他の二つは「二つの未知量をもつ二つの二次方程式の解法について」と「三角級数による関数の表示可能性に関する問題の歴史」で、後者にリーマン積分の定義が記されています。

カントール

カントールの論文「三角級数論からの一定理の拡張について」には、有理数列の言葉による非有理数（無理数のこと）の定義が記されています。フーリエ級数という無限級数の収束性を論じる以上、収束していく先の数の正体を明らかにしておかなければならないと、デデキントと同じ心情に包まれたのでしょう。

ゲオルク・カントールは一八四五年三月三日、ロシアのペテルブルクに生れました。父はデンマーク生れ、母はロシア人です。ベルリン大学でヴァイエルシュトラス、クンマー、クロネッカーなどの講義を聴いて数学を学びました。デデキントより十三歳も若く、デデキントのもとに前記の論文を届けた一八七二年十月の時点で満二十七歳でした。

あとがき――語り残したことなど

西欧近代の数学史を回想してひときわ鮮明な印象を受けるのは、千数百年の時空をはるかに越えて古代ギリシアの数学的世界を遠望しようとする、一群の人びとの目の働きです。中でもデカルトとフェルマの姿は一段と際立っています。デカルトは古いギリシアの数学の遺産を集成したパップスの『数学集録』に手掛かりを求め、今日の数学で「解析幾何学」と呼ばれているものの原型を作りました。フェルマはアポロニウスの『円錐曲線論』に誘われて、デカルトの方法とはまったく異なる接線法を編み出しましたが、その接線法と同じ方法で極大極小問題をも解くことができたのはいかにも不思議でした。

ディオファントスの著作と伝えられる『アリトメチカ(数の理論)』に触発されて、おもしろい数論の命題をいくつも発見したのもまたフェルマでした。

デカルトとフェルマの思索はライプニッツに伝わり、万能の接線法が発見されて曲線の理論が完成したのですが、ライプニッツは逆接線法という、接線法とは逆向きの計算法に着目し、求積法が逆接線法に包摂されることを認識しました。曲線の理論がこうして完成し、今日の微積分の類型の一つが誕生したのですが、その際、ベルヌーイ兄弟(兄のヤコブと弟のヨハン)がライプニッツと長期にわたって文通を続け、語り合ったことも忘れられません。

オイラーのころになると、虚数に向き合う姿勢にありありと現れているように、西欧近代の数学は古代ギリシアの気圏を大きく超越して、独自の姿をはっきりと示し始めます。ガウスは虚数に寄せる強固な実在感をオイラーと共有し、その感受性に支えられて、相互法則の理論という、古代ギリシアには見られない数論の世界を創り出しました。

本書を書き終えて思うのは、数学を学び、理解するうえで、原典を読むことのたいせつさです。どの理論にも「一番はじめの人」が存在し、その人の考えたことが泉となり、連綿と継承されて大きな流れを形成します。一番はじめの人びとの書いた数々の著作にまさる入門書はありません。困難な営為ですが、志のある読者の健闘を望みます。

最後に、触れることのできなかったことのあれこれを書き留めておきたいと思います。

デカルトからライプニッツにいたる微積分の流れとは別に、もう一つの微積分が存在します。それはイギリスのニュートン(一六四三―一七二七)が創始した微積分で、流率法と呼ばれています。ニュートンは『自然哲学の数学的諸原理』(一六八七年)において、古典力学(ニュートン力学と呼ばれています)を展開しました。

ニュートンの数学と物理学を解明することは、西欧近代の学問を理解するうえで重要な意義があります。この仕事に力強く取り組んだのはオイラーですので、どうしてもオイラーとともに歩みを進めていかなければなりません。本書ではそこまで立ち入ることはできませんでした。ライプニッツとともに微積分の形成に寄与したベルヌーイ兄弟のうち、弟のヨハンについては言及する機会がありましたが、兄のヤコブのことを詳しく語ることができなかったのは心残りです。

数論の方面では、ガウスの数論が十九世紀を通じて人から人へと継承されていく様子を詳しく語りたいと願っていたのですが、果せませんでした。他日を期したいと思います。

参考文献

第1章

T・L・ヒース『復刻版　ギリシア数学史』平田寛・菊池俊彦・大沼正則訳、共立出版、一九九八
『ユークリッド原論』(縮刷版)中村幸四郎・寺阪英孝・伊東俊太郎・池田美恵訳・解説、共立出版、一九九六(『原論』の言葉はここから引用した。)
『曲線の事典—性質・歴史・作図法』礒田正美、M・G・B・ブッシ編、共立出版、二〇〇九
原亨吉『近世の数学—無限概念をめぐって』ちくま学芸文庫、二〇一三
G・ロディス＝レヴィス『デカルト伝』飯塚勝久訳、未來社、一九九八
中村幸四郎『近世数学の歴史—微積分の形成をめぐって』日本評論社、一九八〇
『デカルト全書簡集第一巻(一六一九—一六三七)』山田弘明・吉田健太郎他訳、知泉書館、二〇一二
『デカルト全書簡集第二巻(一六三七—一六三八)』武田裕紀・小泉義之他訳、知泉書館、二〇一四
『デカルト著作集1　方法序説』白水社、一九九三(『方法序説』の書名はここから引用した。)

デカルト『幾何学』原亨吉訳、ちくま学芸文庫、二〇一三（デカルトの言葉はここから引用した。）

第2章

Œuvres de Fermat, 1891-1922（『フェルマ著作集』）
中村幸四郎『数学史―形成の立場から』共立出版、一九八一

第3章

『ライプニッツ著作集 第二巻 数学論・数学』下村寅太郎・山本信・中村幸四郎・原亨吉監修、工作舎、一九九七（ライプニッツの二論文の訳文は、題目を除いて、この本から引用した。）
下村寅太郎『ライプニッツ研究』（下村寅太郎著作集七）、みすず書房、一九八九
ニコラウス・クザーヌス『学識ある無知について』山田桂三訳、平凡社ライブラリー、一九九四（クザーヌスの言葉はここから引用した。）
Guillaume François Antoine, Marquis de L'Hôpital, Analyse des Infiniment Petits, pour l'Intelligence des Lignes Courbes, 1696（ロピタル『曲線の理解のための無限小解析』）

第4章

Johann Bernoulli, Opera omnia, 1742-1743（ヨハン・ベルヌーイ『全集』）
オイラー『オイラーの無限解析』『オイラーの解析幾何』（『無限解析序説』全二巻）高瀬正仁訳、海鳴社、二〇〇一、二〇〇五
E・A・フェルマン『オイラー』山本敦之訳、シュプリンガー・フェアラーク東京、二〇〇二

第5章

Johann Bernoulli, Opera omnia, 1742-1743（ヨハン・ベルヌーイ『全集』）
Leibnizens mathematische Schriften, 1849-1863（『ライプニッツ数学作品集』）
Opere matematiche del marchese Giulio Carlo de' Toschi di Fagnano, 1750（『ファニャノ伯爵の数学論文集』）

第6章

『ガウス整数論』（『アリトメチカ研究』）高瀬正仁訳、朝倉書店、一九九五
『ガウス数論論文集』高瀬正仁訳、ちくま学芸文庫、二〇一二

『ガウスの《数学日記》』高瀬正仁訳、日本評論社、二〇一三
G・W・ダニングトン『ガウスの生涯』銀林浩ほか訳、東京図書、新装版、一九九二

第7章

『コーシー微分積分学要論』小堀憲訳、共立出版、一九六九
コーシー『解析教程』高瀬正仁監訳・西村重人訳、みみずく舎、二〇一一（コーシーの言葉はここから引用した。）
Joseph-Louis Lagrange, Théorie des fonctions analytiques, 1797（ラグランジュ『解析関数論』）
高木貞治『近世数学史談・数学雑談』（復刻版）共立出版、一九九六
フーリエ『熱の解析的理論』西村重人訳、手稿
デーデキント『数について―連続性と数の本質』河野伊三郎訳、岩波文庫、一九六一

高瀬正仁

昭和26年(1951年)，群馬県勢多郡東村(現，みどり市)に生れる．
数学者，数学史家．専攻は多変数関数論と近代数学史．歌誌「風日」同人．
現在－九州大学基幹教育院教授
著書－『岡潔　数学の詩人』『高木貞治　近代日本数学の父』(以上，岩波新書)，『微分積分学の史的展開』(講談社)，『近代数学史の成立　解析篇』(東京図書)，『岡潔とその時代 I　正法眼蔵』『岡潔とその時代 II　龍神温泉の旅』(以上，みみずく舎)，『紀見峠を越えて』(萬書房)など
翻訳書－『ガウスの《数学日記》』(日本評論社)，『ヤコビ楕円関数原論』(講談社)など

人物で語る数学入門　　岩波新書(新赤版)1548

2015年5月20日　第1刷発行

著　者　高瀬正仁(たかせ まさひと)

発行者　岡本　厚

発行所　株式会社 岩波書店
〒101-8002 東京都千代田区一ツ橋 2-5-5
案内 03-5210-4000　販売部 03-5210-4111
http://www.iwanami.co.jp/

新書編集部 03-5210-4054
http://www.iwanamishinsho.com/

印刷製本・法令印刷　カバー・半七印刷

ISBN 978-4-00-431548-3　　Printed in Japan

岩波新書新赤版一〇〇〇点に際して

ひとつの時代が終わったと言われて久しい。だが、その先にいかなる時代を展望するのか、私たちはその輪郭すら描きえていない。二〇世紀から持ち越した課題の多くは、未だ解決の緒を見つけることのできないままであり、二一世紀が新たに招きよせた問題も少なくない。グローバル資本主義の浸透、憎悪の連鎖、暴力の応酬——世界は混沌として深い不安の只中にある。

現代社会においては変化が常態となり、速さと新しさに絶対的な価値が与えられた。消費社会の深化と情報技術の革命は、種々の境界を無くし、人々の生活やコミュニケーションの様式を根底から変容させてきた。ライフスタイルは多様化し、一面では個人の生き方をそれぞれが選びとる時代が始まっている。同時に、新たな格差が生まれ、様々な次元での亀裂や分断が深まっている。社会や歴史に対する意識が揺らぎ、普遍的な理念に対する根本的な懐疑や、現実を変えることへの無力感がひそかに根を張りつつある。そして生きることに誰もが困難を覚える時代が到来している。

しかし、日常生活のそれぞれの場で、自由と民主主義を獲得し実践することを通じて、私たち自身がそうした閉塞を乗り超え、希望の時代の幕開けを告げてゆくことは不可能ではあるまい。そのために、いま求められていること——それは、個と個の間で開かれた対話を積み重ねながら、人間らしく生きることの条件について一人ひとりが粘り強く思考することではないか。その営みの糧となるものが、教養に外ならないと私たちは考える。歴史とは何か、よく生きるとはいかなることか、世界そして人間はどこへ向かうべきなのか——こうした根源的な問いとの格闘が、文化と知の厚みを作り出し、個人と社会を支える基盤としての教養となった。まさにそのような教養への道案内こそ、岩波新書が創刊以来、追求してきたことである。

岩波新書は、日中戦争下の一九三八年一一月に赤版として創刊された。創刊の辞は、道義の精神に則らない日本の行動を憂慮し、批判的精神と良心的行動の欠如を戒めつつ、現代人の現代的教養を刊行の目的とする、と謳っている。以後、青版、黄版、新赤版と装いを改めながら、合計二五〇〇点余りを世に問うてきた。そして、いままた新赤版が一〇〇〇点を迎えたのを機に、人間の理性と良心への信頼を再確認し、それに裏打ちされた文化を培っていく決意を込めて、新しい装丁のもとに再出発したいと思う。一冊一冊から吹き出す新風が一人でも多くの読者の許に届くこと、そして希望ある時代への想像力を豊かにかき立てることを切に願う。

（二〇〇六年四月）

岩波新書より

法律

- 憲法への招待〔新版〕　渋谷秀樹
- 比較のなかの改憲論　辻村みよ子
- 著作権の考え方　岡本薫
- 自由と国家　樋口陽一
- 憲法と国家　樋口陽一
- 比較のなかの日本国憲法　樋口陽一
- 大災害と法　津久井進
- 変革期の地方自治法　兼子仁
- 原発訴訟　海渡雄一
- 民法改正を考える　大村敦志
- 労働法入門　水町勇一郎
- 人が人を裁くということ　小坂井敏晶
- 知的財産法入門　小泉直樹
- 消費者の権利〔新版〕　正田彬
- 司法官僚 裁判所の権力者たち　新藤宗幸
- 名誉毀損　山田隆司
- 刑法入門　山口厚
- 家族と法　二宮周平
- 会社法入門　神田秀樹
- 憲法とは何か　長谷部恭男
- 良心の自由と子どもたち　西原博史
- 独占禁止法　村上政博
- 有事法制批判　憲法再生フォーラム編
- 裁判官はなぜ誤るのか　秋山賢三
- 法とは何か〔新版〕　渡辺洋三
- 法を学ぶ　渡辺洋三
- 日本社会と法　渡辺洋三・甲斐道太郎・広渡清吾・小森田秋夫編
- 民法のすすめ　星野英一
- 納税者の権利　北野弘久
- 小繋事件　戒能通孝
- 日本人の法意識　川島武宜

カラー版

- カラー版 北斎　大久保純一
- カラー版 浮世絵　大久保純一
- カラー版 四国八十八ヵ所　石川文洋
- カラー版 ベトナム 戦争と平和　石川文洋
- カラー版 知床・北方四島　大泰司紀之・本間浩昭
- カラー版 西洋陶磁入門　大平雅巳
- カラー版 すばる望遠鏡の宇宙　海部宣男・宮下曉彦写真
- カラー版 ブッダの旅　丸山勇
- カラー版 難民キャンプの子どもたち　田沼武能
- カラー版 ハッブル望遠鏡の宇宙遺産　野本陽代
- カラー版 ハッブル望遠鏡が見た宇宙　野本陽代・R・ウィリアムズ
- カラー版 細胞紳士録　藤田恒夫・牛木辰男
- カラー版 メッカ　野町和嘉
- カラー版 シベリア動物誌　福田俊司

岩波新書/最新刊から

1537 **アホウドリを追った日本人** —一攫千金の夢と南洋進出— 平岡昭利 著

一攫千金を夢みて遥か南の島々へ渡る男たちがいた。狙う獲物はアホウドリ。南洋進出を目論む海軍とともに帝国日本の拡大が始まる。

1538 **異常気象と地球温暖化** —未来に何が待っているか— 鬼頭昭雄 著

温暖化の進行とともに、今日の異常がやがて普通になる世界がやってくる。IPCC報告書の執筆者が気候の過去・現在・未来を語る。

1539 **ナグネ** 中国朝鮮族の友と日本 最相葉月 著

中国朝鮮族の女性と過ごした一六年間。日本で夢を砕かれながらも、東アジアを跨ぎ自立していく一人の女性の姿を描く。

1525 **都市** 江戸に生きる シリーズ 日本近世史④ 吉田伸之 著

巨大城下町・江戸の暮らしとは? 日本橋近辺、浅草、品川などの地を取り上げ、文書や絵図から、都市を構成する多様な要素を読み解く。

1540 **中南海** 知られざる中国の中枢 稲垣清 著

共産党と政府の所在地、中南海。この地図さえない謎の空間の歴史と現在を解説し、二〇一七年以降の習近平指導部の動向を予測する。

1541 **多数決を疑う** 社会的選択理論とは何か 坂井豊貴 著

多数決は国民の意思を反映しているのか。選挙制度の綻びが露呈する日本。社会的選択理論の視点から、多数決に代わる決め方をさぐる。

1542 ルポ **保育崩壊** 小林美希 著

課題は待機児童の解消だけではない。空前の人員不足の中、保育所が直面する厳しい現状を描き出し、保育の質の低下に警鐘を鳴らす。

1543 フォト・ストーリー **沖縄の70年** 石川文洋 著

沖縄について考え続け、撮り続けてきた著者が、自らのルーツと向き合い、七〇年の歴史を戦争と基地を軸に描く。カラー写真多数。

(2015.5)